Schneeloch/Frieling
Übungsbuch zur Betriebswirtschaftlichen Steuerlehre
Band 1: Grundlagen

Übungsbuch zur Betriebswirtschaftlichen Steuerlehre

Band 1: Grundlagen

von

Dr. Dieter Schneeloch
Steuerberater
o. Professor der Betriebswirtschaftslehre
an der FernUniversität in Hagen

Dr. Melanie Frieling
Steuerberaterin
Vertretungsprofessorin der Betriebswirtschaftslehre
an der Hochschule Bielefeld

Verlag Franz Vahlen München

StB Univ.-Prof. Dr. Dieter Schneeloch, Emeritus und Leiter der Abteilung für Betriebswirtschaftliche Steuerlehre des „Centrum für Steuern und Finanzen (CSF)" an der FernUniversität in Hagen.

StB Dr. Melanie Frieling, Vertretungsprofessorin an der Hochschule Bielefeld sowie freiberuflich tätige Steuerberaterin in Emstek.

ISBN Print: 978 3 8006 7094 9
ISBN E-Book: 978 3 8006 7095 6

Satz: DTP-Datei der Autoren
Druck und Bindung: Beltz Grafische Betriebe GmbH
Am Fliegerhorst 8, 99947 Bad Langensalza
Umschlaggestaltung: Ralph Zimmermann – Bureau Parapluie

Gedruckt auf säurefreiem, alterungsbeständigem Papier
(hergestellt aus chlorfrei gebleichtem Zellstoff)

Vorwort

Das vorliegende Buch ist der erste Band eines zweibändigen Übungswerkes zur Betriebswirtschaftlichen Steuerlehre. In ihrem Aufbau sind die beiden Bände angelehnt an das insgesamt sechsbändige Werk „Betriebswirtschaftliche Steuerlehre“ von Schneeloch et alii, das ebenfalls im Verlag Vahlen erschienen ist. Sie können somit als ergänzende Übungsbücher zu diesem Werk angesehen, sie können aber auch als völlig eigenständige Bücher genutzt werden. In letzterem Falle sollte der Leser allerdings wenigstens annähernd über das Wissen verfügen, das das genannte umfangreichere Werk vermitteln soll. Um überprüfen zu können, ob das erforderliche Wissen vorhanden ist oder ob noch Lücken geschlossen werden müssen, haben der Verfasser bzw. die Verfasserin dieses Werkes an den Anfang der Teile I bis III jeweils zwei Aufgaben gestellt, die dieses ermöglichen sollen. In der jeweiligen Aufgabe 1 werden Begriffsinhalte abgefragt, die in den dazu verfassten Lösungen ausgiebig erörtert werden. In der jeweiligen Aufgabe 2 soll der Leser beurteilen, ob eine dort getroffene Aussage richtig oder falsch ist.

Adressaten dieses Übungsbuchs sind vorrangig Studenten der Betriebswirtschaftslehre mit steuerlicher Schwerpunktsetzung sowie Studenten des Steuerrechts. Darüber hinaus sind auch Praktiker angesprochen, die grundlegende Kenntnisse der Besteuerung, insbesondere des Steuerrechts, erwerben oder auffrischen wollen.

Der vorliegende Band 1 des Übungsbuches enthält Aufgaben und Lösungen zu den Grundlagen der Betriebswirtschaftlichen Steuerlehre, schwerpunktmäßig zu deren steuerrechtlichen Grundlagen. Band 2, der 2024 erscheinen soll, ist steuerplanerischen Fragen vorbehalten. Band 1 ist in drei Teile untergliedert. Der erste Teil enthält Aufgaben zu Themen grundlegender Art, wie zum Begriff und zu möglichen Einteilungen der Steuern. Den Schwerpunkt dieses Teils bilden Aufgaben zu den Ertragsteuern, d. h. zur Einkommen-, Körperschaft- und Gewerbesteuer. In Teil II folgen Aufgaben zur steuerlichen Gewinnermittlung. In diesem wird auch in erheblichem Maße auf handelsbilanzielle Grundlagen eingegangen. Teil III enthält Aufgaben zu den Substanz- und zu den Verkehrsteuern sowie zum Besteuerungsverfahren. Alle Lösungen zu den Aufgaben beruhen auf dem Rechtsstand von Anfang Dezember 2022. Dies hat u. a. zur Folge, dass bei Aufgaben zur Einkommensteuer stets von dem für das Jahr 2022 geltenden Einkommensteuertarif ausgegangen wird. Da dieser – erfahrungsgemäß zur Anpassung an die inflationäre Entwicklung – von dem Gesetzgeber jährlich geändert wird, haben wir uns entschlossen, den für das Jahr 2022 geltenden Tarif – soweit er zur Lösung der Aufgaben benötigt wird – in den Anhang aufzunehmen.

Frau Katrin Weber danken wir herzlich für ihren engagierten Einsatz bei der technischen Erfassung und Umsetzung des Buches. Um das Übungsbuch zum Nutzen unserer Leser auch künftig weiterentwickeln zu können, würden wir uns über Anregungen und Hinweise unter info@dr-frieling.de freuen.

Hagen, im März 2023

Dieter Schneeloch
Melanie Frieling

Inhaltsverzeichnis

Abkürzungsverzeichnis

Abs. .... Absatz
AfA .... Absetzung für Abnutzung
AG .... Aktiengesellschaft
AO .... Abgabenordnung
Art. .... Artikel

BAB .... Betriebsabrechnungsbogen
BewG .... Bewertungsgesetz
BFH .... Bundesfinanzhof
BGB .... Bürgerliches Gesetzbuch
BMF .... Bundesministerium der Finanzen
BStBl .... Bundessteuerblatt
bzw. .... beziehungsweise

CHF .... Schweizer Franken

d. h. .... das heißt
DCF-Verfahren .... Discounted-Cash-Flow-Verfahren
DBA .... Doppelbesteuerungsabkommen

€ .... Euro
ESt .... Einkommensteuer
EStDV .... Einkommensteuer-Durchführungsverordnung
EStG .... Einkommensteuergesetz
EStH .... Einkommensteuer-Hinweise
EStR .... Einkommensteuer-Richtlinien
ETW .... Eigentumswohnung
EU .... Europäische Union
evtl. .... eventuell

f. .... folgende
ff. .... fortfolgende
FGO .... Finanzgerichtsordnung
FVG .... Finanzverwaltungsgesetz

GbR .... Gesellschaft bürgerlichen Rechts
gem. .... gemäß
GewSt .... Gewerbesteuer
GewStG .... Gewerbesteuergesetz
GewStR .... Gewerbesteuer-Richtlinien
GG .... Grundgesetz
ggf. .... gegebenenfalls

GmbH .... Gesellschaft mit beschränkter Haftung
GmbHG .... Gesetz betreffend die Gesellschaften mit beschränkter Haftung
GmbH & Co. KG .... Gesellschaft mit beschränkter Haftung und Compagnie Kommanditgesellschaft
GoB .... Grundsätze ordnungsmäßiger Buchführung und Bilanzierung
GrEStG .... Grunderwerbsteuergesetz
GrStG .... Grundsteuergesetz

HGB .... Handelsgesetzbuch
h. M. .... herrschende Meinung

i. d. R. .... in der Regel
i. H. v. .... in Höhe von
i. S. d. .... im Sinne des (der)
i. V. m. .... in Verbindung mit

Kfz .... Kraftfahrzeug
KG .... Kommanditgesellschaft
KGaA .... Kommanditgesellschaft auf Aktien
KSt .... Körperschaftsteuer
KStDV .... Körperschaftsteuer-Durchführungsverordnung
KStG .... Körperschaftsteuergesetz
KStR .... Körperschaftsteuer-Richtlinien

LSt .... Lohnsteuer
LStDV .... Lohnsteuer- Durchführungsverordnung
Ltd. .... private company limited by shares
lt. .... laut

Mio. .... Million(en)

Nr. .... Nummer
Nrn. .... Nummern
NRW .... Nordrhein-Westfalen

o. a. .... oben angegeben
OFD .... Oberfinanzdirektionen
OHG .... Offene Handelsgesellschaft

p. a. .... per annum
Pkw .... Personenkraftwagen

R .... Richtlinie (verwendet vom Richtliniengeber bei bestimmten Steuerrichtlinien, insbesondere den EStR)
rd. .... rund

SE .... Societas Europaea (Europäische Aktiengesellschaft)
SolZ .... Solidaritätszuschlag
SolZG .... Solidaritätszuschlaggesetz

T€ .... Tausend Euro

u. a. .... unter anderem, und andere
USD .... United States Dollar
UStG .... Umsatzsteuergesetz

v. .... vom
vGA .... verdeckte Gewinnausschüttung
vgl. .... vergleiche

z. B. .... zum Beispiel

Teil I
Grundlagen der Besteuerung, Ertragsteuern

Aufgaben zu Teil I

Aufgabe 1

Definieren bzw. erläutern Sie bitte die nachfolgend aufgeführten Begriffe. Soweit sich diese aus Rechtsnormen ergeben, zitieren Sie diese.

a) Aufgabengebiete der Betriebswirtschaftlichen Steuerlehre

b) Steuern

c) Besteuerungszwecke

d) Direkte und indirekte Steuern

e) Ertragsteuern, Substanzsteuern, Verkehrsteuern

f) Steuerhoheit

g) Gesetze im formellen und materiellen Sinne

h) Ermittlungsverfahren

i) Festsetzungs- und Feststellungsverfahren

j) Rechtsbehelfs- und Rechtsmittelverfahren

k) Finanzbehörden

Aufgabe 2

Kreuzen Sie bitte an, ob die folgenden Aussagen richtig oder falsch sind.

Aussage	**richtig**	**falsch**
• Steuerliche Vorschriften dürfen nicht zur Wirtschaftsförderung eingesetzt werden.		
• Zölle sind Steuern i. S. d. AO.		
• Die Erbschaftsteuer ist eine direkte Steuer.		
• Der Bund hat die alleinige Gesetzgebungskompetenz über die Einkommensteuer.		
• Nur Steuerberater dürfen Steuerberatung betreiben.		
• Die EStR haben Gesetzescharakter.		
• Die KStR binden nur die Finanzverwaltung.		

Aussage	richtig	falsch
• Ein Urteil ergeht nur zu einem Einzelfall, es hat keine allgemeingültige Bindungswirkung.		
• Der BFH ist Tatsacheninstanz.		
• Eine Steuerstraftat setzt Vorsatz voraus.		
• Eine GmbH unterliegt der ESt.		
• Ein GmbH-Gesellschafter-Geschäftsführer unterliegt der ESt.		
• Lotteriegewinne unterliegen der ESt.		
• Journalisten sind Gewerbetreibende.		
• Beiträge zur Kfz-Versicherung sind Vorsorgeaufwendungen.		
• Die LSt ist eine Erhebungsform der ESt.		
• Eine im Inland ansässige GmbH ist körperschaftsteuerpflichtig.		
• Eine OHG unterliegt der KSt.		
• Eine OHG kann auf Antrag der KSt unterliegen.		
• Überhöhte Gehälter an den Gesellschafter-Geschäftsführer einer GmbH sind vGA.		
• Ein unter seinem eigenen Namen praktizierender Architekt unterhält einen Gewerbebetrieb.		
• Die GewSt eines Einzelkaufmanns ermäßigt dessen ESt.		
• Die GewSt einer GmbH ist auf deren KSt anrechenbar.		
• Der Grundsteuer unterliegen alle in- und ausländischen Grundstücke eines im Inland wohnhaften Steuerpflichtigen.		
• Eine inländische GmbH unterliegt dem SolZ.		

Aufgabe 3

Nehmen Sie Stellung zur Art der Einkommen- oder Körperschaftsteuerpflicht der nachfolgend genannten Personen und erläutern Sie nach deutschem Recht die sich ergebenden Rechtsfolgen. Auf zwischenstaatliches und ausländisches Recht ist nicht einzugehen.

a) K ist vor Jahren nach Dublin (Irland) ausgewandert und betätigt sich dort als freischaffender Künstler. Seinen melderechtlichen Wohnsitz in Hamburg hat er damals aufgegeben. Tatsächlichen Wohnsitz und gewöhnlichen Aufenthalt hat er seit seiner Auswanderung in Dublin. Aus einem ererbten Mietwohngrundstück in Hamburg bezieht er Mieteinnahmen. Die Einkünfte hieraus betragen etwa 5 % seiner gesamten Einkünfte. Die im Ausland erzielten Einkünfte übersteigen den Grundfreibetrag des § 32a EStG deutlich.

b) A, B und C sind Architekten. In der Rechtsform einer Gesellschaft bürgerlichen Rechts (GbR) betreiben sie in Krefeld gemeinsam ein Architekturbüro. A und B wohnen jeweils in einem eigenen Einfamilienhaus in Krefeld. C hat vor Jahren ein Einfamilienhaus in Venlo (Niederlande) errichten lassen. Seit Bezugsfertigkeit des Hauses wohnt er dort mit seiner Familie. Seine Arbeit für die GbR erledigt er ausschließlich in seinem Büro in Krefeld. In Krefeld gehört C eine größere zum Gemüseanbau genutzte Fläche. Diese hat er an einen Krefelder Bauern verpachtet. Weitere Einkünfte erzielt C nicht.

c) Die Nano SE hat ihren Sitz in Düsseldorf. Sie ist 100 %ige Tochtergesellschaft einer in Boston (USA) ansässigen Muttergesellschaft.

d) Karl Marx (M) ist belgischer Staatsbürger. Mit seiner Familie wohnt er in Trier. Er arbeitet als Angestellter in einer Bank in Luxemburg.

Aufgabe 4

Beurteilen Sie, ob sich aus den nachfolgend geschilderten Sachverhalten steuerbare Einnahmen ergeben und welcher Einkunftsart diese zuzuordnen sind. Begründen Sie Ihre Ausführungen anhand des Gesetzes.

a) Heinrich Schütz (S) ist beamteter Lehrer an einem Gymnasium. Außerdem gibt er gegen Honorar wöchentlich vier Stunden Klavierunterricht an einer Musikschule, die gemeinnützige Zwecke verfolgt.

b) Angelica Reich (R) erbt von ihrer Patentante drei Häuser und eine Beteiligung an der Reich-GmbH.

c) Albrecht Mark (M) ist ein weltweit bekannter Kunstmaler. Im Jahre 1 verkauft er vier von ihm erstellte Bilder und erzielt hieraus einen Verkaufserlös von insgesamt 1.800.000 €.

d) Anton Brüderle (B) betreibt im Allgäu einen Bio-Bauernhof. Er veräußert seine Erzeugnisse an einen großen Lebensmittelhändler.

e) Die Grund-GmbH (GmbH) mit Sitz in Greifswald betreibt den Erwerb, die Parzellierung und die Bebauung sowie die Veräußerung von Grundstücken an der deutschen Ostseeküste.

f) Hildegard Bingen (B) betreibt in Mainz eine Ernährungsberatung. Ihre Kenntnisse hat sie als Autodidaktin erworben.

g) Die Padsek KG (KG) mit Sitz in Regensburg betreibt ein Busunternehmen. Sie hat sich auf Balkanrundreisen spezialisiert. Gesellschafter der KG sind Antonia (A) Padsek mit 60 % und ihre Tochter Claudia (C) mit 40 % der Anteile.

h) Julius Kaiser (K) ist selbständiger Strategieberater großer Unternehmen. Er ist Dr. rer. pol. und Diplomingenieur.

i) Maria Schönhuber (S) ist als selbständige Geigenbauerin in Mittenwald (Oberbayern) tätig. Dort hat sie auch ihren Wohnsitz.

Aufgabe 5

Die Schmidt & Schulze private company limited by shares (Ltd.) hat ihren satzungsmäßigen Sitz in Dublin (Irland). Den Ort der Geschäftsleitung hingegen hat sie in Köln. Dort wohnt auch ihr Mehrheitsgesellschafter Karl Schmidt (S). Dieser ist zugleich einziger Geschäftsführer (director) der Ltd. Weitere Gesellschafter sind Peter Hämmerle (H) und Anton Gruber (G). H ist vor mehr als 10 Jahren von Freiburg nach Bern (Schweiz) gezogen. Inzwischen hat er die deutsche Staatsbürgerschaft aufgegeben und die schweizerische angenommen. Nach Deutschland kommt er seither nur einmal jährlich, um an der Gesellschafterversammlung der Ltd. teilzunehmen. G wohnt im eigenen Haus in München. Dort ist er auch gemeldet. Außerdem besitzt er ein selbstgenutztes Ferienhaus in Sölden (Österreich), das er und seine Ehefrau jährlich etwa 110 Tage bewohnen. Im Jahr 1 schüttet die Ltd. einen Gewinnanteil von 10 Mio. € aus. Hiervon entfallen auf S 60 % und auf H und G jeweils 20 %.

Untersuchen Sie bitte, welche der genannten Personen (Ltd., S, H und G) der Einkommen- bzw. Körperschaftsteuerpflicht nach deutschem Recht unterliegen und welcher Art diese Steuerpflicht ist. Untersuchen Sie bitte weiterhin, welche Steuerfolgen nach deutschem Recht die Gewinnausschüttungen der Ltd. an S, H und G auslösen. Alle drei Gesellschafter halten ihre Geschäftsanteile an der Ltd. in ihrem Privatvermögen. Auf zwischenstaatliches und ausländisches Recht ist nicht einzugehen.

Aufgabe 6

Die Eheleute Gustav (G) und Elvira (E) Gans, wohnhaft in Nürnberg, sind kinder- und konfessionslos. G hat die österreichische, E die deutsche Staatsbürgerschaft. G und E wollen beide die Zusammenveranlagung zur Einkommensteuer nach deutschem Recht beantragen.

G ist Gesellschafter und Geschäftsführer der Ganter-GmbH (GmbH) in Nürnberg. Zwischen der GmbH und G wurde im Jahr 1 ein zivilrechtlich wirksamer Arbeitsvertrag geschlossen. Im Arbeitsvertrag wurde vereinbart, dass G ab dem 1.1. des Jahres 2 für seine Geschäftsführertätigkeit ein Bruttogehalt von monatlich 15.000 € erhält. Die Gehaltszahlungen erfolgten im Jahre 2 zum 15. eines jeden Monats auf das private Bankkonto des G. Das dem G gezahlte Gehalt liegt im oberen Bereich des Angemessenen. G erhält von der GmbH am 10.5.2 eine Bruttogewinnausschüttung von 120.000 €. G ist an der GmbH zu 52 % beteiligt.

E ist Hausfrau. Sie hat am 2.1. des Jahres 1 von ihrem verstorbenen Vater Aktien der Rosig-AG (R-AG) im Nennwert von 100.000 € geerbt, die dieser drei Jahre zuvor zu einem Preis inklusive Nebenkosten von 140.000 € erworben hatte. Die R-AG hat ihren Sitz in Würzburg und verfügt über ein Grundkapital i. H. v. 5.000.000 €. E veräußert am 4.1. des Jahres 2 ihren gesamten Aktienbestand zu einem Preis von 182.000 €. An Verkaufsprovision und Maklercourtage fallen 720 € an. Weitere Werbungskosten entstehen im Zusammenhang mit den Aktien nicht.

Am 1.4.2 hat E von dem Erlös aus dem Aktienverkauf eine Anfang Februar des Jahres 2 bezugsfertige Eigentumswohnung (ETW) zu einem Kaufpreis (einschließlich Nebenkosten) von 170.000 € erworben. Ab dem 1.4. des Jahres 2 vermietet E die ETW an Achim Ackerer (A). E erzielt im Jahre 2 aus dieser Vermietung Einnahmen i. H. v. 9.600 € und Werbungskosten von 5.400 €.

a) Nehmen Sie Stellung zur Einkommensteuerpflicht des G und der E.

b) Ermitteln Sie die Einkünfte der Eheleute Gans und nehmen Sie zu deren Besteuerung Stellung.

Gehen Sie bei Ihren Ausführungen von dem für das Jahr 2022 geltenden Recht aus.

Aufgabe 7

Der kinderlose, geschiedene und konfessionslose Gerhard Westerhagen (W), geboren am 16.6.1989, wohnhaft in Würzburg, hat im Jahre 1 folgende Einnahmen bzw. Einkünfte erzielt:

- Anteil am Gewinn der Westerhagen-KG (W-KG) als Kommanditist i. H. v. 43.872 €,
- Gehalt i. H. v. 85.000 € für seine Tätigkeit als Prokurist bei der Telex-AG (T-AG) (Werbungskosten sind nicht angefallen),
- Dividende der im DAX notierten X-AG i. H. v. 18.000 €,
- Verlust aus der Vermietung eines Mehrfamilienhauses in Neubrandenburg i. H. v. 15.863 €,
- Überschuss aus der Verpachtung von Weideland in Sachsen i. H. v. 420 €.

Aus dem Feststellungsbescheid des Finanzamtes Würzburg und dem Gewerbesteuer-Hebesatz dieser Stadt ergibt sich aus seiner Beteiligung an der W-KG eine die Einkommensteuer des W ermäßigende Gewerbesteuer gem. § 35 Abs. 2 EStG i. H. v. 4.520 €.

Auf die Dividende hat die Depotbank Kapitalertragsteuer in Höhe von 4.299,75 € einbehalten. Die Depotbank hat dem W eine Steuerbescheinigung übersandt, auf der die einbehaltene Kapitalertragsteuer ausgewiesen ist. W hat der Depotbank zu Beginn des Jahres 1 einen Freistellungsauftrag i. S. d. § 44a Abs. 2 EStG in Höhe des Sparer-Pauschbetrags von 801 € (§ 20 Abs. 9 EStG) erteilt. Die Depotbank hat den Freistellungsauftrag bei der Ermittlung der für W einzubehaltenden Kapitalertragsteuer berücksichtigt.

Abzugsfähige Sonderausgaben sind W im Jahre 1 in Höhe von 31.789 € entstanden (diese Zahl ist bei Lösung der Aufgabe ohne weitere Prüfung zu übernehmen). Außergewöhnliche Belastungen sind W nicht entstanden.

Die T-AG hat für W insgesamt 20.712 € Lohnsteuer einbehalten. Weiterhin hat W Vorauszahlungen für das Jahr 1 in Höhe von insgesamt 12.600 € entrichtet.

Ermitteln Sie bitte für W:

a) die Art der Steuerpflicht,

b) die einzelnen Einkünfte nach Einkunftsart und deren Berücksichtigung im Rahmen der Veranlagung zur Einkommensteuer für das Jahr 1,

c) die Summe und den Gesamtbetrag der Einkünfte,

d) das Einkommen und das zu versteuernde Einkommen,

e) die festzusetzende Einkommensteuer des Jahres 1,

f) die zu erwartende Einkommensteuer-Abschlusszahlung bzw. den Erstattungsanspruch für das Jahr 1.

Es ist der für das Jahr 2022 geltende und im Anhang dieses Buches wiedergegebene Tarif anzuwenden. Auf Fragen des Solidaritätszuschlags ist nicht einzugehen.

Begründen Sie Ihre Ausführungen bitte anhand der gesetzlichen Vorschriften.

Aufgabe 8

Karl (K) und Carla (C) Marx sind am 1.1. des Jahres 1 43 bzw. 32 Jahre alt. Sie sind seit drei Jahren verheiratet und wohnen seither in einer gemeinsamen Wohnung in Trier. Sie haben bisher keine Kinder. Sie gehören beide keiner Kirchengemeinde an.

K arbeitet in Trier als selbständiger Steuerberater. Im Jahre 1 erzielt er Betriebseinnahmen i. H. v. 682.930 €. Diesen Betriebseinnahmen stehen Betriebsausgaben i. H. v. 422.821 € gegenüber. In seiner Freizeit schreibt K politische Artikel für verschiedene Zeitungen und Zeitschriften. Er ermittelt aus dieser Tätigkeit für das Jahr 1 einen steuerlichen Gewinn von 501 €. K ist bereits seit Jahren an einer Erbengemeinschaft beteiligt, die in Koblenz mehrere Mietshäuser besitzt. Das Finanzamt Koblenz ermittelt für die Erbengemeinschaft für das Jahr 1 einen Verlust von insgesamt 121.830 €. Hieran ist K zu einem Drittel beteiligt. Am 10.4.1 erbt K von einer Tante 2.000 Aktien der S-AG. Der Börsenwert des Aktienpakets beträgt am 10.4.1 124.012 €. Die Aktien befinden sich seit rd. 10 Jahren im Depot der W-Bank in Koblenz. K ändert hieran nichts. Am 11.8.1 überweist die W-Bank an K für die 2.000 Aktien für das Wirtschaftsjahr 1 eine Nettodividende i. H. v. insgesamt 7.500 €. Die Bank stellt ihm außerdem eine Steuerbescheinigung aus, aus der sich ergibt, dass die Dividende um 2.500 € Kapitalertragsteuer gekürzt worden ist.

C ist bereits seit Jahren bei ihrem nunmehrigen Ehemann als Sekretärin beschäftigt. Sie hat diese Tätigkeit auch nach ihrer Eheschließung beibehalten. Sie bezieht im Jahr 1 ein Jahresgehalt i. H. v. 41.824 €. Werbungskosten entstehen ihr nicht. Ihr Arbeitgeber behält hierauf für sie Lohnsteuer i. H. v. insgesamt 2.584 € ein und führt sie an das Finanzamt ab. Infolge eines Erbfalls ist C bereits seit Jahren Eigentümerin eines Mehrfamilienhauses in Bremen. Sie erzielt aus der Vermietung für das Jahr 1 einen steuerlichen Überschuss i. H. v. 5.284 €. Weiterhin hat C vor rund 8 Jahren ein unbebautes Grundstück (Bauerwartungsland) für 90.000 € inklusive Anschaffungsnebenkosten erworben. Dieses im Privatvermögen befindliche Grundstück hat sie im betrachteten Jahr 1 zum Preis von 98.000 € veräußert. Die Veräußerungskosten belaufen sich auf 3.800 €.

Weitere Einkünfte, als die sich aus dem vorstehenden Sachverhalt ergebenden, beziehen die Eheleute Marx im Jahre 1 nicht. Ihre abzugsfähigen Sonderausgaben in diesem Jahr betragen 20.825 € (diese Zahl ist bei Lösung der Aufgabe ohne nähere Prüfung zu übernehmen). Außergewöhnliche Belastungen fallen nicht an. Die Eheleute Marx leisten im Jahr 1 Einkommensteuer-Vorauszahlungen i. H. v. insgesamt 54.000 €. Die Eheleute wählen für das Jahr 1 die Zusammenveranlagung.

Ermitteln Sie bitte für die Eheleute Marx jeweils für das Jahr 1

a) die Art der Steuerpflicht und die Art der Veranlagung,

b) die einzelnen Einkünfte nach Einkunftsart,

c) die Summe und den Gesamtbetrag der Einkünfte,

d) das Einkommen und das zu versteuernde Einkommen,

e) die festzusetzende Einkommensteuer,

f) die zu erwartende Abschlusszahlung bzw. den Erstattungsanspruch.

Auf Fragen des Solidaritätszuschlags ist nicht einzugehen.

Sollte bei einzelnen Einkünften ein Wahlrecht bestehen, diese in die Veranlagung einzubeziehen oder hierauf zu verzichten, wählen Sie die für die Eheleute vorteilhafteste Vorgehensweise. Zu dieser Frage nehmen Sie am zweckmäßigsten unter b) Stellung.

Begründen Sie Ihre Ausführungen bitte anhand der gesetzlichen Vorschriften.

Es ist der für das Jahr 2022 geltende Tarif anzuwenden, der im Anhang dieses Buches wiedergegeben ist.

Aufgabe 9

Die Eheleute Richard (R) und Cosima (C) Wagner wohnen seit Jahrzehnten in einer ihnen gehörigen Altbauvilla am Stadtrand von Dresden. Die Eheleute gehören der evangelischen Kirche an (Kirchensteuersatz 9 %). Zu Beginn des Jahres 1 sind beide Ehegatten 78 Jahre alt. R und C haben seit Jahren die Zusammenveranlagung zur Einkommensteuer nach deutschem Recht beantragt und beabsichtigen dies auch für das betrachtete Jahr 1.

R bezieht im Jahre 1 als ehemaliger hoher Ministerialbeamter eine Pension von insgesamt 86.796 €. R ist im Jahre 2008 in Pension gegangen. Das Land Sachsen hat auf seine Pension (Steuerklasse III) Lohneinkommensteuer i. H. v. 16.431 € und Lohnkirchensteuer i. H. v. 1.478,79 € einbehalten. Die Bemessungsgrundlage für den Versorgungsfreibetrag beträgt lt. Lohnsteuerbescheinigung 84.513 €.

C bezieht aus einer privaten Rentenversicherung seit Beginn ihres 65. Lebensjahres im Jahre 2008 eine Rente von jährlich 12.000 €. Sie ist Eigentümerin mehrerer Mietshäuser in Düsseldorf. Ihr Steuerberater ermittelt für diese einen Überschuss der Mieteinnahmen über die Werbungskosten i. H. v. insgesamt 82.639 €.

Aus einer Reihe inländischer Aktien beziehen die Eheleute aus einem gemeinsamen Depot Bruttodividenden i. H. v. 32.242 €. Die Depotbank hat – nach Abzug des sich aus § 20 Abs. 9 Satz 2 EStG ergebenden gemeinsamen Sparer-Pauschbetrages i. H. v. 1.602 € – Kapitalertragsteuer i. H. v. 7.491,44 €, Solidaritätszuschlag i. H. v. 412,02 € und Kirchensteuer i. H. v. 674,22 € einbehalten und an das Finanzamt abgeführt. Bei Ermittlung der Kapitalertragsteuer ist die sich aus § 32d Abs. 1 Satz 4 EStG ergebende Formel angewendet worden.

Vorauszahlungen haben die Ehegatten für das Jahr 1 in folgender Höhe entrichtet:

Einkommensteuer	22.000 €
Kirchensteuer	1.980 €
Solidaritätszuschlag	440 €

Versicherungsbeiträge haben die Eheleute Wagner im Jahr 1 in folgender Höhe entrichtet:

	R	C	Summe
Beiträge an eine private Krankenversicherung	8.820 €	10.720 €	19.540 €
- darin enthaltene Beiträge für die Basisversicherung	6.630 €	5.896 €	12.526 €
Beiträge an die gesetzliche Pflegeversicherung	562 €	1.270 €	1.832 €
Gebäudeversicherung für die Villa in Dresden	1.540 €	-	1.540 €
Hausratversicherung für die Villa in Dresden	980 €	-	980 €
private Haftpflichtversicherung	400 €	-	400 €
Kfz-Versicherung	820 €	-	820 €
- darin enthaltene Haftpflichtversicherung	480 €	-	480 €

Spenden an gemeinnützige Organisationen haben die Eheleute von ihrem gemeinsamen Girokonto i. H. v. insgesamt 7.800 € entrichtet. Spendenbescheinigungen liegen vor.

Für haushaltsnahe Dienstleistungen haben die Eheleute im Jahr 1 6.000 € und für Handwerkerleistungen in ihrem Hause haben sie 10.000 € gezahlt. In allen Rechnungsbeträgen ist die Umsatzsteuer enthalten. Von den in Rechnung gestellten Handwerkerkosten entfallen 1.760 € auf Materialkosten. Alle Rechnungsbeträge wurden durch Überweisung beglichen.

Ermitteln Sie bitte auf der Grundlage des dargestellten Sachverhalts für die Eheleute Wagner

a) die Art der Einkommensteuerpflicht und der Veranlagungsform,

b) die Art und Höhe der Einkünfte,

c) die Summe und den Gesamtbetrag der Einkünfte,

d) das Einkommen und das zu versteuernde Einkommen,

e) die festzusetzende Einkommensteuer für das Jahr 1,

f) die Einkommensteuer-Abschlusszahlung bzw. den Erstattungsanspruch für das Jahr 1.

Solidaritätszuschlag und Kirchensteuer sind nicht zu ermitteln.

Aufgabe 10

Mit Steuerbescheid vom 15. April des Jahres 3 (Tag der Bekanntgabe 18. April) setzt das Finanzamt die Einkommensteuerschuld des verwitweten Martin Schulze (S) aus Magdeburg für das Jahr 1 auf 48.480 € fest. S hat im Laufe des Jahres 1 einmal 3.200 € und dreimal 3.600 € Vorauszahlungen geleistet. Der Arbeitgeber des S hat im Lohnsteuerabzugsverfahren für ihn 30.800 € entrichtet.

S hat am 10. März des Jahres 3 – einem Vorauszahlungsbescheid vom 29. November des Jahres 2 entsprechend – eine Vorauszahlung von 3.070 € geleistet.

Ermitteln Sie bitte die Einkommensteuer-Abschlusszahlung für das Jahr 1 und die restlichen Vorauszahlungen für das Jahr 3. Geben Sie für alle diese Zahlungen die Fälligkeitstermine an.

Aufgabe 11

In ihrer Steuerbilanz für das Jahr 1 ermittelt die Z-GmbH einen Gewinn von 15.892.600 €. Den Gewinn haben Körperschaftsteuer-Vorauszahlungen von insgesamt 1.693.840 € und Gewerbesteuer-Vorauszahlungen von 1.644.800 € sowie Zinsen für ein langfristiges Darlehen von 920.840 € gemindert. Den Gewinn haben außerdem Gehaltszahlungen an den Alleingesellschafter A in Höhe von insgesamt 2.240.000 € für dessen Tätigkeit als Alleingeschäftsführer der Z-GmbH gemindert. Würde A die Gesellschaft nicht beherrschen, so hätte er höchstens ein Jahresgehalt von 1.200.000 € erhalten. Letztlich haben Gehaltszahlungen an den Sohn (S) des A in Höhe von insgesamt 120.000 € den Gewinn gemindert. S ist Student der Sinologie im 28. Semester. Eine erkennbare Gegenleistung für sein Gehalt hat S nicht erbracht. Dies müsste A auch gegenüber dem Betriebsprüfer des Finanzamts einräumen.

Ermitteln Sie für die Z-GmbH

a) das zu versteuernde Einkommen im Veranlagungszeitraum 1,
b) die Körperschaftsteuerschuld für das Jahr 1 und die Abschlusszahlung bzw. den Erstattungsanspruch für dieses Jahr,
c) die Körperschaftsteuer-Vorauszahlungen für das dritte und vierte Quartal des Jahres 2 unter der Voraussetzung, dass für die ersten beiden Quartale insgesamt 846.920 € Vorauszahlungen entrichtet worden sind und der Bescheid für das Jahr 1 bereits vorliegt,
d) die Gewerbesteuerschuld für das Jahr 1 unter der Voraussetzung, dass keine weiteren Abweichungen zwischen dem Steuerbilanzgewinn und dem Gewerbeertrag auftreten, als sich aus dem vorstehenden Sachverhalt ergeben. Gehen Sie von einem Gewerbesteuerhebesatz von 480 % aus.

Solidaritätszuschlag ist nicht zu berücksichtigen. Die Ausführungen sind anhand der gesetzlichen Vorschriften zu begründen.

Aufgabe 12

Die Y-AG hat ihren Sitz in K-Stadt (NRW). In ihrer Steuerbilanz für das Jahr 1 ermittelt sie einen Gewinn von 130.050.540 €. Den Gewinn haben Körperschaftsteuer-Vorauszahlungen i. H. v. insgesamt 16.270.400 € und Gewerbesteuer-Vorauszahlungen i. H. v. 15.680.960 € gemindert. Außerdem haben 820.540 € Zinsen für ein langfristiges Bankdarlehen den Gewinn gemindert. Im Steuerbilanzgewinn ist eine Ausschüttung i. H. v. 200.000 € der inländischen X-GmbH enthalten, an der die Y-AG eine Beteiligung von 30 % hält.

Der die Y-AG beherrschende Aktionär A, der zugleich Vorstandsvorsitzender der AG ist, hat im Jahre 1 ein Gehalt i. H. v. insgesamt 5.000.000 € erhalten. Die übrigen Vorstandsmitglieder, die allesamt keine Aktionäre der Y-AG sind, haben jeweils ein Jahresgehalt von 800.000 € erhalten. Der Wirtschaftsprüfer der Y-AG ist der Ansicht, dass ein Gehalt des A von höchstens 1.800.000 € angemessen wäre. Die Gehälter aller Mitglieder des Vorstands sind von der Y-AG als Aufwand verbucht worden.

Am 30.6.1 hat A von der Y-AG einen Porsche zum Buchwert von 20.000 € erworben und ihn anschließend seiner Tochter zum bestandenen Abitur geschenkt. Der Verkehrswert des Porsche zum Zeitpunkt des Erwerbs kann auf 90.000 € geschätzt werden.

Am 1.9.1 hat A seiner Frau ein Bild eines vor rd. 10 Jahren verstorbenen Künstlers geschenkt. Das Bild ist vor 30 Jahren von der Y-AG für umgerechnet ca. 250 € erworben und sofort als Aufwand verbucht worden. Während der letzten 30 Jahre hat es im Sitzungssaal der Y-AG gehangen. Ein Entgelt hat A der Y-AG für die Entnahme des Bildes nicht gezahlt. Der Verkehrswert des Bildes am 1.9.1 kann auf 180.000 € geschätzt werden.

Ermitteln Sie
a) die Art der Körperschaftsteuerpflicht der Y-AG,
b) das zu versteuernde Einkommen der Y-AG für das Jahr 1,
c) die Körperschaftsteuerschuld des Jahres 1 und die zu erwartende Abschlusszahlung bzw. den Erstattungsanspruch für dieses Jahr,
d) die Körperschaftsteuer-Vorauszahlungen für die drei letzten Quartale des Jahres 2 unter der Voraussetzung, dass die Y-AG für das erste Quartal 5.680.920 € Vorauszahlungen entrichtet hat,
e) die Gewerbesteuerschuld der Y-AG für das Jahr 1 und die zu erwartende Abschlusszahlung bzw. den Erstattungsanspruch unter der Voraussetzung, dass keine weiteren Abweichungen zwischen dem Steuerbilanzgewinn und dem Gewerbeertrag auftreten, als sich aus dem vorstehenden Sachverhalt ergeben.

Solidaritätszuschlag ist nicht zu berücksichtigen. Der gewerbesteuerliche Hebesatz beträgt 380 %.

Begründen Sie Ihre Ausführungen bitte anhand der gesetzlichen Vorschriften.

Aufgabe 13

A, B und C sind Gesellschafter einer Handelsgesellschaft. Für das Jahr 1 ermittelt Geschäftsführer G mit Hilfe des Steuerberaters S einen Jahresüberschuss von 42.960 €, der zugleich dem Steuerbilanzgewinn entspricht. Bei der Ermittlung des Jahresüberschusses sind die Vorschriften über die steuerliche Gewinnermittlung beachtet worden. Den Gewinn (Jahresüberschuss) haben folgende Aufwendungen gemindert:

- Gehaltszahlungen an A von 124.000 €,
- Zinszahlungen an B für ein von diesem der KG gewährtes Darlehen in Höhe von 6.940 €,
- Mietzahlungen an C für das der KG zur Verfügung gestellte Gebäude in Höhe von 28.980 €.

An dem Gewinn der Gesellschaft sind A zu 50 %, B zu 30 % und C zu 20 % beteiligt.

Ermitteln Sie bitte

a) den steuerlichen Gewinn der Mitunternehmerschaft und die Gewinnanteile der Gesellschafter A, B und C für den Fall, dass es sich bei der Gesellschaft um eine KG handelt,
b) die steuerlichen Folgen (Auswirkungen auf die Gewinnhöhe der Gesellschaft und auf die Einkünfte der Gesellschafter) für den Fall, dass es sich bei der Gesellschaft um eine GmbH handelt.

Begründen Sie Ihre Ausführungen bitte anhand der einschlägigen Gesetzesnormen. Steuerschulden sind nicht zu ermitteln.

Lösungen zu den Aufgaben von Teil I

Zu Aufgabe 1

a) Aufgabengebiete der Betriebswirtschaftlichen Steuerlehre

Die Aufgabengebiete der Betriebswirtschaftlichen Steuerlehre lassen sich wie folgt umreißen:

- Analyse der steuerlichen Folgen betriebswirtschaftlicher Entscheidungen (Steuerwirkungslehre),
- Erarbeitung von Kriterien und Entscheidungsregeln für rational begründbare betriebswirtschaftliche Gestaltungsmaßnahmen unter Berücksichtigung der Besteuerung (Steuergestaltungslehre),
- kritische Würdigung bestehenden oder geplanten Steuerrechts aus betriebswirtschaftlicher Sicht und Erarbeitung von Vorschlägen zu seiner Verbesserung (rechtskritische Betriebswirtschaftliche Steuerlehre) und
- empirische Überprüfung der auf entscheidungslogischem Wege gefundenen Ergebnisse (empirische Betriebswirtschaftliche Steuerlehre).

Das Recht und damit auch das Steuerrecht bildet den Rahmen, innerhalb dessen betriebswirtschaftliche Entscheidungen getroffen werden können.

b) Steuern

Der Begriff der Steuern ist in § 3 Abs. 1 AO geregelt. Danach sind Steuern „... Geldleistungen, die nicht eine Gegenleistung für eine besondere Leistung darstellen und von einem öffentlich-rechtlichen Gemeinwesen zur Erzielung von Einnahmen allen auferlegt werden, bei denen der Tatbestand zutrifft, an den das Gesetz die Leistungspflicht knüpft; die Erzielung von Einnahmen kann Nebenzweck sein".

c) Besteuerungszwecke

Hinsichtlich der Besteuerungszwecke kann zwischen fiskalischen und außerfiskalischen Zwecken unterschieden werden. Der fiskalische Zweck besteht in der Erzielung von Einnahmen durch die Öffentliche Hand (Bund, Länder, Gemeinden, Gemeindeverbände). Er ist geregelt in § 3 Abs. 1 AO. Neben diesem Hauptzweck kann der Gesetzgeber mit der Besteuerung auch andere Zwecke verfolgen (außerfiskalische Zwecke). Besonders häufig ergreift er steuerliche Maßnahmen zur Wirtschaftsförderung. Auch soziale Maßnahmen, einschließlich Maßnahmen zur Umverteilung von Einkommen oder Vermögen kommen in Betracht.

d) Direkte und indirekte Steuern

Bei direkten Steuern sind Steuerzahler und wirtschaftlich Belasteter ein und dieselbe Person. Bei indirekten Steuern hingegen ist der wirtschaftlich Belastete eine andere Person als der Steuerzahler. Der Steuerschuldner überwälzt seine Steuerschuld auf eine andere Person. Als Beispiele für direkte Steuern werden üblicherweise insbesondere die Einkommen- und Körperschaftsteuer genannt. Zu den indirekten Steuern werden vor allem die Umsatz- und die Energiesteuer gerechnet.

e) Ertragsteuern, Substanzsteuern, Verkehrsteuern

In der Betriebswirtschaftlichen Steuerlehre hat sich eine Einteilung der Steuern in Ertrag-, Substanz- und Verkehrsteuern durchgesetzt. Benannt sind diese Gruppen nach ihren jeweiligen (Haupt-)Bemessungsgrundlagen. So bemessen sich die Ertragsteuern nach Erträgen, die Substanzsteuern nach einer im Gesetz definierten (Vermögens-)Substanz und die Verkehrsteuern nach Vorgängen im Rechts- oder Wirtschaftsverkehr. Zu den Ertragsteuern gehören die Einkommen-, Körperschaft- und Gewerbesteuer, zu den Substanzsteuern die Grund- und die Erbschaft- bzw. Schenkungsteuer. Zu den Verkehrsteuern gehören die Umsatz-, Grunderwerb-, Versicherungs- sowie die Rennwett- und Lotteriesteuer.

f) Steuerhoheit

Hinsichtlich der Steuerhoheit wird zwischen

- der Gesetzgebungshoheit,
- der Ertragshoheit und
- der Verwaltungshoheit

unterschieden.

Die Gesetzgebungshoheit beinhaltet das Recht zur Gesetzgebung. Sie ist für das Steuerrecht in Art. 105 GG geregelt, der auf den allgemeinen Vorschriften der Art. 70 ff. GG über die Gesetzgebung des Bundes und der Länder aufbaut.

Die Ertragshoheit beinhaltet das Recht auf das Steueraufkommen. Geregelt ist sie in Art. 106 GG.

Die Verwaltungshoheit beinhaltet das Recht, die Steuern zu verwalten. Geregelt ist sie in Art. 108 GG.

g) Gesetze im formellen und im materiellen Sinne

Nach deutschem Recht lassen sich Gesetze im formellen Sinne und Gesetze im materiellen Sinne voneinander unterscheiden. Gesetze im formellen Sinne sind alle Rechtsnormen, die in einem förmlichen, verfassungsgemäß vorgeschriebenen Verfahren zustande gekommen, ordnungsgemäß ausgefertigt und verkündet worden sind. Handelt es sich um ein Bundesgesetz, so kommt dieses nach Art. 78 GG dadurch zustande, dass es vom Bundestag beschlossen wird und ihm – sofern es sich um ein zustimmungsbedürftiges Gesetz handelt – der Bundesrat zustimmt. Die Ausfertigung des Gesetzes wird nach Art. 82 Abs. 1 GG vom Bundespräsidenten vorgenommen; verkündet wird es durch Veröffentlichung im Bundesgesetzblatt, das seit dem 1.1.2023 nur noch in elektronischer Form geführt wird. Steuergesetze werden – ohne dass dies verfassungsgemäß erforderlich wäre – zusätzlich immer im Bundessteuerblatt Teil I veröffentlicht. Wichtige förmliche Steuergesetze sind z. B. die AO, das EStG, das KStG und das UStG.

Gesetze im materiellen Sinne sind alle abstrakten und generellen Regeln, die zu einer bestimmten Zeit in einem bestimmten Gebiet für alle Personen verbindlich sind und von der staatlichen Gewalt garantiert werden. Gesetze im formellen sind zugleich fast alle Gesetze im materiellen Sinne; die Steuergesetze sind es ausnahmslos.

Neben den förmlichen Gesetzen gibt es eine Vielzahl von Rechtsnormen, die ausschließlich Gesetze im materiellen Sinne sind. Hierbei handelt es sich um Rechtsverordnungen. Nach Art. 80 Abs. 1 GG können die Bundesregierung, ein Bundesminister oder die Landesregierungen ermächtigt werden, Rechtsverordnungen zu bestimmten formellen Gesetzen zu erlassen. Diese müssen den vom Gesetzgeber im affinen formellen Gesetz gezogenen Verordnungsrahmen einhalten. Im Steuerrecht werden die Rechtsverordnungen üblicherweise als Durchführungsverordnungen bezeichnet. Beispielsweise seien die EStDV, die LStDV und die KStDV genannt.

h) Ermittlungsverfahren

Das Ermittlungsverfahren dient der Ermittlung der Besteuerungsgrundlagen, d. h. der rechtlichen und tatsächlichen Verhältnisse, die für die Bemessung der Steuern maßgebend sind. Es wird beherrscht von dem Untersuchungsgrundsatz. Dieser besagt, dass die Finanzbehörde den Sachverhalt von Amts wegen zu ermitteln hat (§ 88 Abs. 1 AO). Ohne Hilfe des betroffenen Steuerpflichtigen kann das Finanzamt die steuerlich bedeutsamen Sachverhalte i. d. R. nicht ermitteln. Aus diesem Grunde unterwerfen die Steuergesetze die Steuerpflichtigen einer Vielzahl von Mitwirkungspflichten. Generell ergibt sich dies aus § 90 Abs. 1 AO. Hinzu kommt eine Vielzahl von Vorschriften, die spezielle Mitwirkungspflichten regeln. Am wichtigsten dürfte die Pflicht zur Abgabe von Steuererklärungen sein (§ 149 Abs. 1 AO). Für Gewerbetreibende ist zusätzlich die Pflicht zur Buchführung und zur Erstellung von Jahresabschlüssen nach den §§ 140 und 141 AO von großer Bedeutung.

i) Festsetzungs- und Feststellungsverfahren

Eine Steuerschuld entsteht, sobald der Tatbestand erfüllt ist, an den ein Steuergesetz eine Leistungspflicht knüpft (§ 38 AO). Konkretisiert wird ein Steueranspruch aber erst durch eine Steuerfestsetzung durch das Finanzamt (Steuerfestsetzungsverfahren). Dies geschieht grundsätzlich durch einen Steuerbescheid. In ihm wird eine Steuerschuld festgesetzt.

Von den Steuerbescheiden zu unterscheiden sind die Feststellungsbescheide. In ihnen wird keine Steuerschuld festgesetzt, vielmehr werden bestimmte Besteuerungsgrundlagen förmlich festgestellt (Feststellungsverfahren). Dies hat aber nur in den Fällen zu erfolgen, in denen dies gesetzlich ausdrücklich angeordnet ist (§§ 179, 180 AO).

j) Rechtsbehelfs- und Rechtsmittelverfahren

Rechtsbehelfe und Rechtsmittel dienen dem Rechtsschutz des Steuerpflichtigen. Mit ihrer Hilfe kann der einzelne Steuerpflichtige einen gegen ihn gerichteten Steuerverwaltungsakt (z. B. einen Steuerbescheid) auf seine Richtigkeit überprüfen lassen. Rechtsbehelfe gibt es sowohl in einem außergerichtlichen Vorverfahren als auch in den Verfahren vor den Gerichten der Finanzgerichtsbarkeit. Rechtsmittel hingegen wenden sich gegen (Gerichts-)Urteile und andere gerichtliche Entscheidungen. Sie kommen deshalb nur in der Finanzgerichtsbarkeit vor.

Das außergerichtliche Vorverfahren ist ein reines Verwaltungsverfahren: Die Verwaltungsbehörde, die den Verwaltungsakt erlassen hat, soll ihn auf Wunsch des Steuerpflichtigen nochmals überprüfen. Der Rechtsbehelf in diesem Vorverfahren wird als Einspruch bezeichnet.

Ist der Einspruch erfolglos geblieben, so kann der Steuerpflichtige Klage vor dem zuständigen Finanzgericht erheben. Diese richtet sich gegen den Steuerverwaltungsakt – z. B. einen Steuerbescheid – in der Form, die dieser durch die Einspruchsentscheidung des Finanzamts erhalten hat.

Ist die Klage vor dem Finanzgericht erfolglos verlaufen, so kann der Steuerpflichtige Revision vor dem Bundesfinanzhof (BFH) erheben. Dies setzt allerdings voraus, dass ein in der FGO ausdrücklich benannter Revisionsgrund vorliegt und das Finanzgericht oder der BFH (im Rahmen einer Nichtzulassungsbeschwerde) die Revision ausdrücklich zugelassen hat. In einem Revisionsverfahren können nur Rechtsfragen geklärt und keine Tatsachenfeststellungen getroffen werden. Da sich eine Revision gegen ein Urteil des Finanzgerichts richtet, handelt es sich bei ihr um ein Rechtsmittel und nicht um einen Rechtsbehelf.

k) Finanzbehörden

Der Aufbau der Finanzverwaltung ist im Gesetz über die Finanzverwaltung (FVG) geregelt. Unterschieden wird dort zwischen den Bundes- und den Landesfinanzbehörden. Einen Überblick über den Aufbau der Finanzverwaltung gibt die nachfolgende Abbildung. In dieser sind allerdings nur einige der wichtigsten der im FVG genannten Behörden erfasst.

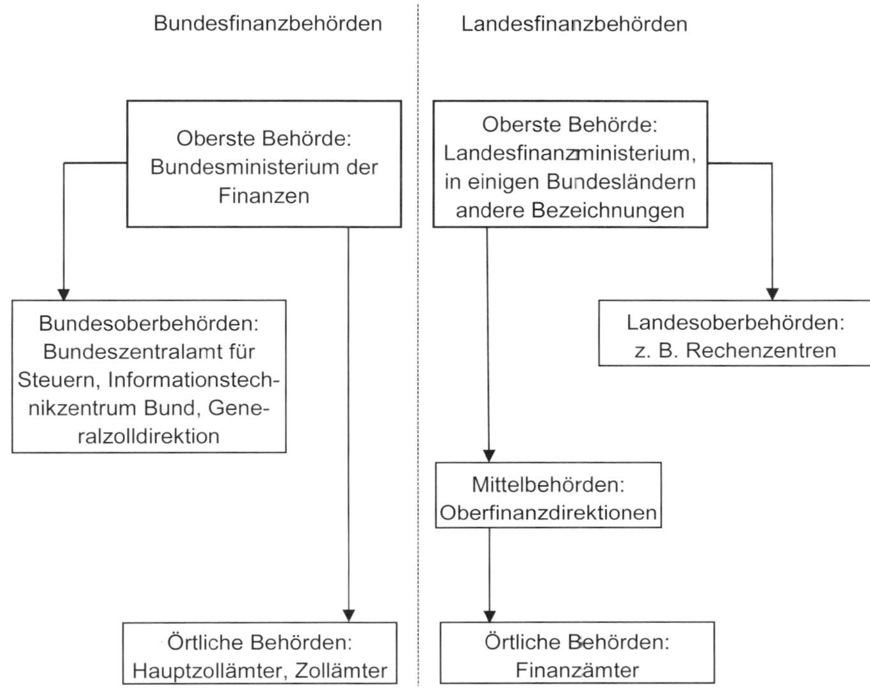

Nach Art. 108 Abs. 1 GG verwalten die Bundesfinanzbehörden die Zölle sowie die bundesgesetzlich geregelten Verbrauchsteuern einschließlich der Einfuhrumsatzsteuer sowie der Kraftfahrzeugsteuer. Alle übrigen Steuern werden nach Art. 108 Abs. 2 GG durch die Landesfinanzbehörden verwaltet.

Das Bundesfinanzministerium leitet gem. § 3 Abs. 1 FVG die Bundesfinanzverwaltung, die Länderfinanzministerien leiten die Finanzverwaltungen des jeweiligen Bundeslandes. In den Stadtstaaten heißen die obersten Landesbehörden traditionell anders, in Berlin z. B. Senatsverwaltung.

Zwischen den Länderfinanzministerien und den Finanzämtern können die Länder nach § 2 Abs. 1 FVG Oberfinanzdirektionen (OFD) errichten. Diese haben dann die Aufgabe, ihren Direktionskreis betreffende allgemeine Steuerfragen generell zu regeln. Die Ergebnisse werden dann in OFD-Verfügungen bekannt gegeben. Diese binden nur die nachgegliederten Finanzämter.

Aufgabe der örtlichen Behörden, also der (Haupt-)Zollämter einerseits und der Finanzämter andererseits, ist die Bearbeitung der einzelnen Zoll- bzw. Steuerfälle. Der einzelne Steuerfall ist also von dem jeweils örtlich zuständigen Finanzamt und nicht etwa von der OFD oder gar dem Bundes- oder Landesfinanzministerium zu bearbeiten. Die örtliche Zuständigkeit richtet sich nach den Vorschriften der §§ 17 bis 29a AO.

Zu Aufgabe 2

Aussage	richtig	falsch
• Steuerliche Vorschriften dürfen nicht zur Wirtschaftsförderung eingesetzt werden.		X
• Zölle sind Steuern i. S. d. AO.	X	
• Die Erbschaftsteuer ist eine direkte Steuer.	X	
• Der Bund hat die alleinige Gesetzgebungskompetenz über die Einkommensteuer.		X
• Nur Steuerberater dürfen Steuerberatung betreiben.		X
• Die EStR haben Gesetzescharakter.		X
• Die KStR binden nur die Finanzverwaltung.	X	
• Ein Urteil ergeht nur zu einem Einzelfall, es hat keine allgemeingültige Bindungswirkung.	X	
• Der BFH ist Tatsacheninstanz.		X
• Eine Steuerstraftat setzt Vorsatz voraus.	X	
• Eine GmbH unterliegt der ESt.		X
• Ein GmbH-Gesellschafter-Geschäftsführer unterliegt der ESt.	X	
• Lotteriegewinne unterliegen der ESt.		X
• Journalisten sind Gewerbetreibende.		X
• Beiträge zur Kfz-Versicherung sind Vorsorgeaufwendungen.		X
• Die LSt ist eine Erhebungsform der ESt.	X	
• Eine im Inland ansässige GmbH ist körperschaftsteuerpflichtig.	X	
• Eine OHG unterliegt der KSt.		X
• Eine OHG kann auf Antrag der KSt unterliegen.	X	

Aussage	richtig	falsch
• Überhöhte Gehälter an den Gesellschafter-Geschäftsführer einer GmbH sind vGA.	X	
• Ein unter seinem eigenen Namen praktizierender Architekt unterhält einen Gewerbebetrieb.		X
• Die GewSt eines Einzelkaufmanns ermäßigt dessen ESt.	X	
• Die GewSt einer GmbH ist auf deren KSt anrechenbar.		X
• Der Grundsteuer unterliegen alle in- und ausländischen Grundstücke eines im Inland wohnhaften Steuerpflichtigen.		X
• Eine inländische GmbH unterliegt dem SolZ.	X	

Zu Aufgabe 3

a) Da K im Inland weder einen Wohnsitz noch seinen gewöhnlichen Aufenthalt hat, ist er in Deutschland nicht nach § 1 Abs. 1 EStG unbeschränkt steuerpflichtig. Auch eine Behandlung wie ein unbeschränkt Steuerpflichtiger nach § 1 Abs. 3 EStG kommt nicht in Betracht, da die Voraussetzungen des Satzes 2 dieser Norm nicht erfüllt sind. K ist aber nach § 1 Abs. 4 EStG mit seinen inländischen Einkünften i. S. d. § 49 EStG beschränkt steuerpflichtig. Die Einkünfte aus dem Mietwohngrundstück in Hamburg sind nach deutschem Recht als Einkünfte aus Vermietung und Verpachtung zu qualifizieren. Nach § 49 Abs. 1 Satz 1 Nr. 6 EStG unterliegt K mit ihnen der beschränkten Steuerpflicht.

b) A und B haben ihren Wohnsitz im Inland (Krefeld). Sie sind damit nach § 1 Abs. 1 Satz 1 EStG unbeschränkt einkommensteuerpflichtig. C hat seinen Wohnsitz im Ausland (Venlo). Er ist damit nicht nach § 1 Abs. 1 Satz 1 EStG unbeschränkt, sondern nach § 1 Abs. 4 EStG beschränkt steuerpflichtig. Er kann aber nach § 1 Abs. 3 EStG einen Antrag stellen, wie ein unbeschränkt Steuerpflichtiger behandelt zu werden. Die Voraussetzungen hierfür sind gegeben, da seine Einkünfte als Architekt als Einkünfte aus selbständiger Arbeit i. S. d. § 18 Abs. 1 EStG einzustufen sind und diese zu den beschränkt steuerpflichtigen Einkünften i. S. d. § 49 Abs. 1 Satz 1 Nr. 3 EStG gehören. Damit ist die erste der in § 1 Abs. 3 EStG, und zwar in dessen Satz 1, genannten Voraussetzungen erfüllt. Auch die zweite zur erfolgreichen Antragstellung erforderliche Voraussetzung ist erfüllt: Seine Einkünfte erzielt C zu 100 %, und damit zu mehr als 90 % (§ 1 Abs. 3 Satz 2 EStG) im Inland. Ein Antrag nach § 1 Abs. 3 EStG dürfte für C vorteilhaft sein, da er so bestimmte Abzüge bei der Ermittlung des zu versteuernden Einkommens in Anspruch nehmen kann, die bei einer beschränkten Steuerpflicht nicht zum Abzug zugelassen sind. Nachfolgend wird deshalb von einem Antrag nach § 1 Abs. 3 EStG des C ausgegangen.

Die Einkünfte der drei Architekten aus ihrer Architektentätigkeit hat das Betriebsfinanzamt der GbR nach § 179 AO gesondert festzustellen, und zwar nach § 180 AO gemeinsam für alle drei Gesellschafter. Das Betriebsfinanzamt hat die anteiligen Einkünfte dem jeweiligen Wohnsitzfinanzamt der Gesellschafter mitzuteilen. Diese haben ihre Gewinnanteile als Einkünfte aus selbständiger Arbeit (§ 18 Abs. 1 EStG) zu versteuern. Der Gewerbesteuer unterliegt die GbR nicht, da sie als Gesellschaft von Freiberuflern keinen Gewerbebetrieb i. S. d. § 2 Abs. 1 GewStG unterhält.

Die Verpachtung der zum Gemüseanbau verpachteten Flächen durch C führt bei diesem nach § 21 Abs. 1 Satz 1 Nr. 1 EStG zu Einkünften aus Vermietung und Verpachtung.

c) Die Nano SE ist eine unbeschränkt körperschaftsteuerpflichtige Kapitalgesellschaft i. S. d. § 1 Abs. 1 Nr. 1 KStG. Der von ihr betriebene Gewerbebetrieb unterliegt, soweit er im Inland belegen ist, nach § 2 Abs. 1 Satz 1 GewStG der Gewerbesteuer.

d) M hat seinen Wohnsitz in Trier und damit im Inland. Er ist somit nach § 1 Abs. 1 EStG nach deutschem Recht unbeschränkt einkommensteuerpflichtig. Damit unterliegen seine Einkünfte grundsätzlich der deutschen Einkommensteuer. Ob seine Einkünfte als Angestellter einer in Luxemburg ansässigen Bank von diesem Grundsatz ausgenommen sind, kann nur anhand des DBA Deutschland-Luxemburg ermittelt werden. Hierauf ist nach der Aufgabenstellung aber nicht einzugehen.

Zu Aufgabe 4

a) Als beamteter Lehrer bezieht S ein Gehalt, das bei ihm zu Einkünften aus nichtselbständiger Arbeit gem. § 19 Abs. 1 Satz 1 Nr. 1 EStG führt. Die Honorare aus dem Klavierunterricht führen bei S zu Einnahmen aus selbständiger Arbeit (freiberufliche Tätigkeit) i. S. d. § 18 Abs. 1 EStG. Derartige Einnahmen sind, da sie nebenberuflich anfallen, nach § 3 Nr. 26 EStG bis zu 3.000 € jährlich steuerfrei.

b) Der Erbanfall der R stellt einkommensteuerlich einen nichtsteuerbaren Vorgang dar. Er liegt in der Vermögens- und nicht in der Einkommenssphäre. Erbschaftsteuerlich handelt es sich um einen Erwerb von Todes wegen (§ 1 Abs. 1 Nr. 1 i. V. m. § 3 ErbStG) und damit um einen erbschaftsteuerpflichtigen Erwerb. Anzumerken ist, dass zukünftige Einnahmen aus dem ererbten Vermögen einkommensteuerlich zu beurteilen sind.

c) Als Kunstmaler erzielt M Einkünfte aus freiberuflicher Tätigkeit (§ 18 Abs. 1 EStG). Die Erlöse aus dem Verkauf von Bildern i. H. v. 1.800.000 € stellen somit Betriebseinnahmen im Rahmen der Einkünfte aus selbständiger Arbeit dar. Sie unterliegen der Einkommensteuer des M, nicht aber der Gewerbesteuer, da M als Freiberufler keinen Gewerbebetrieb i. S. d. § 2 GewStG unterhält.

d) Als Bio-Bauer erzielt B Einkünfte aus Land- und Forstwirtschaft (§ 13 Abs. 1 EStG).

e) Die im Inland (Greifswald) ansässige GmbH ist eine unbeschränkt steuerpflichtige Kapitalgesellschaft i. S. d. § 1 Abs. 1 Nr. 1 KStG. Sie unterliegt somit der deutschen Körperschaftsteuer. Nach § 2 Abs. 1 i. V. m. Abs. 2 GewStG unterliegt sie außerdem der Gewerbesteuer.

f) Fraglich ist, ob die Ernährungsberatung bei B zu Einkünften aus freiberuflicher Tätigkeit (§ 18 Abs. 1 EStG) oder zu Einkünften aus Gewerbebetrieb (§ 15 Abs. 1 Satz 1 Nr. 1 EStG) führt. B führt keine der in § 18 Abs. 1 Nr. 1 Satz 1 EStG aufgeführten Tätigkeiten (wissenschaftliche, künstlerische, schriftstellerische, unterrichtende oder erzieherische Tätigkeit) aus. Ihre Tätigkeit fällt auch nicht unter die „Katalogberufe" derselben Rechtsnorm. Fraglich ist, ob sie einen den Katalogberufen „ähnlichen Beruf" ausübt. Hierzu wäre eine Ähnlichkeit zu einem konkreten Katalogberuf erforderlich. Dies ist nicht der Fall. Hinzu kommt, dass die Katalogberufe alle eine lange, i. d. R. akademische, Ausbildung voraussetzen. Diese Voraussetzung ist bei B als Autodidaktin nicht erfüllt. Damit ist B nicht freiberuflich, sondern gewerblich tätig; sie erzielt also Einkünfte aus Gewerbebetrieb.

g) Das Betreiben eines Busunternehmens stellt eine gewerbliche Betätigung i. S. d. § 15 Abs. 2 EStG dar. Die steuerlichen Gewinne der KG unterliegen bei ihren Mitunternehmern (Gesellschaftern) A und C nach § 15 Abs. 1 Satz 1 Nr. 2 EStG als Einkünfte aus Gewerbebetrieb der Einkommensteuer. Das Betriebsfinanzamt der KG hat den jährlichen steuerlichen Gewinn nach § 179 AO i. V. m. § 180 AO in einem gesonderten Verfahren förmlich festzustellen, und zwar einheitlich für die beiden Gesellschafterinnen, und ihn nach dem Gewinnverteilungsschlüssel auf diese zu verteilen. A und C haben ihre Gewinnanteile als Einkünfte aus Gewerbebetrieb zu versteuern (§ 15 Abs. 1 Satz 1 Nr. 2 EStG). Der einheitlich ermittelte Gesamtgewinn unterliegt bei der KG nach § 7 GewStG der Gewerbesteuer.

h) Als selbständiger Strategieberater, promovierter Wirtschafts- und diplomierter Ingenieurwissenschaftler erfüllt K die Kriterien für zwei der in § 18 Abs. 1 Nr. 1 EStG aufgeführten Katalogberufe, und zwar für den des beratenden Volks- oder Betriebswirts sowie den des beratenden Ingenieurs. Damit erzielt K aus seiner beratenden Tätigkeit Einkünfte aus selbständiger Arbeit (freiberufliche Tätigkeit). Diese unterliegen nicht der Gewerbesteuer, da K als Freiberufler keinen Gewerbebetrieb i. S. d. § 2 GewStG unterhält.

i) Die Tätigkeit der S als Geigenbauerin fällt weder unter die in § 18 Abs. 1 Nr. 1 EStG aufgeführten Tätigkeiten noch unter die in dieser Norm aufgeführten Katalogberufe. Damit ist sie nicht freiberuflich, sondern gewerblich tätig. Sie erzielt also Einkünfte aus Gewerbebetrieb (§ 15 EStG). Diese unterliegen nach § 2 GewStG auch der Gewerbesteuer.

Zu Aufgabe 5

Bei der Ltd. handelt es sich um eine der deutschen GmbH vergleichbare Gesellschaftsform und damit um eine Kapitalgesellschaft i. S. d. § 1 Abs. 1 Nr. 1 KStG. Sie hat zwar nicht ihren Sitz, wohl aber den Ort ihrer Geschäftsleitung im Inland, nämlich in Köln. Damit ist die Ltd. nach § 1 Abs. 1 KStG nach deutschem Recht unbeschränkt steuerpflichtig. Dass sie vermutlich auch nach irischem Recht unbeschränkt körperschaftsteuerpflichtig ist, spielt insoweit keine Rolle. Welchem Staat (Bundesrepublik Deutschland oder Irische Republik) das Besteuerungsrecht über die von der Ltd. erzielten Einkünfte zusteht, regelt das deutsch-irische DBA.

Gesellschafter S hat im Inland (Köln) seinen Wohnsitz (§ 8 AO). Damit ist er gem. § 1 Abs. 1 EStG nach deutschem Recht unbeschränkt einkommensteuerpflichtig. Damit unterliegen sowohl das Gehalt als auch die von der Ltd. erhaltene Gewinnausschüttung der deutschen Einkommensteuer, und zwar das Gehalt als Einkünfte aus nichtselbständiger Arbeit (§ 19 Abs. 1 Satz 1 Nr. 1 EStG) und die Gewinnausschüttung i. H. v. 6 Mio. € als Einkünfte aus Kapitalvermögen (§ 20 Abs. 1 Nr. 1 EStG). Die Ltd. hat auf das Gehalt Lohnsteuer (§ 38 Abs. 1 EStG) und auf die Gewinnausschüttung Kapitalertragsteuer (§ 43 Abs. 1 Satz 1 Nr. 1 EStG) einzubehalten. Die einbehaltene Lohnsteuer ist nach § 36 Abs. 2 Satz 1 EStG auf die Einkommensteuer des S anrechenbar. Mit der Erhebung der Kapitalertragsteuer gilt die auf die Ausschüttung entfallende Einkommensteuer des S grundsätzlich als abgegolten (§ 43 Abs. 5 Satz 1 EStG). S kann aber nach § 32d Abs. 2 Satz 1 Nr. 3 EStG eine Einbeziehung der Ausschüttung in das Veranlagungsverfahren beantragen (Teileinkünfteverfahren). Vermutlich wäre dies aber steuerlich nachteilig.

Gesellschafter H hat seit seinem Wegzug in die Schweiz in Deutschland weder einen Wohnsitz noch seinen gewöhnlichen Aufenthalt. Damit ist er in Deutschland nicht nach § 1 Abs. 1 EStG unbeschränkt steuerpflichtig. Doch unterliegt er nach § 1 Abs. 4 EStG als beschränkt Steuerpflichtiger mit seinen inländischen Einkünften i. S. d. § 49 EStG der deutschen Einkommensteuer. Die einzigen aus dem Sachverhalt ersichtlichen inländischen Einkünfte sind die anteiligen Gewinnausschüttungen der Ltd. Diese fallen unter die in § 49 Abs. 1 Satz 1 Nr. 5 EStG aufgeführten Einkünfte aus Kapitalvermögen. Sie werden also von der beschränkten Steuerpflicht erfasst. Die Frage, wie diese Einkünfte nach deutschem und nach schweizerischem Recht im Einzelnen zu besteuern sind, kann allerdings nur unter Beachtung des DBA Deutschland – Schweiz beantwortet werden. Hierauf ist lt. Aufgabenstellung nicht einzugehen.

Gesellschafter G hat seinen Wohnsitz i. S. d. § 8 AO in München und damit im Inland. Damit ist er nach § 1 Abs. 1 EStG nach deutschem Recht unbeschränkt einkommensteuerpflichtig. Hieran ändert auch der Umstand nichts, dass er ein Ferienhaus in Österreich besitzt und er sich dort etwa 110 Tage im Jahr aufhält: Seinen

Lebensmittelpunkt hat er in München und nicht in Sölden. Sein Anteil an der Gewinnausschüttung der Ltd. unterliegt bei ihm nach § 20 Abs. 1 Satz 1 Nr. 1 EStG als Einkünfte aus Kapitalvermögen der Einkommensteuer. Allerdings gilt die Einkommensteuer auf diese Einkünfte mit der von der Ltd. einbehaltenen Kapitalertragsteuer nach § 43 Abs. 5 Satz 1 EStG grundsätzlich als abgegolten. G kann aber nach § 32d Abs. 6 EStG eine Einbeziehung der Kapitaleinkünfte (Ausschüttung) in das Veranlagungsverfahren beantragen (Günstigerprüfung). Sofern es bei G nicht zu einer Verlustverrechnung bei den Kapitaleinkünften kommt, dürfte ein Einbezug in die Veranlagung nicht vorteilhaft sein.

Zu Aufgabe 6

a) Einkommensteuerpflicht

G und E sind natürliche Personen mit Wohnsitz in Nürnberg, d. h. im Inland. Sie sind daher nach § 1 Abs. 1 Satz 1 EStG unbeschränkt einkommensteuerpflichtig. Die unbeschränkte Einkommensteuerpflicht ist unabhängig von der Staatsangehörigkeit. Sie erstreckt sich auf sämtliche in- und ausländischen Einkünfte i. S. d. § 2 EStG (Welteinkommensprinzip, vgl. H 1a EStH 2021).

b) Summe der Einkünfte

Einkünfte des G

Einkünfte aus nichtselbständiger Arbeit

Grundsätzlich handelt es sich bei Gehaltszahlungen gem. § 19 Abs. 1 Satz 1 Nr. 1 EStG um Einnahmen aus nichtselbständiger Arbeit. Bei Gehaltszahlungen an Gesellschafter-Geschäftsführer von Kapitalgesellschaften gilt dies jedoch nur, soweit keine verdeckten Gewinnausschüttungen vorliegen. Die Gehaltszahlungen an G wurden zivilrechtlich wirksam, klar und eindeutig sowie im Voraus vereinbart. Die Zahlungen erfolgten entsprechend der im Arbeitsvertrag geschlossenen Vereinbarung und waren der Höhe nach angemessen. Es liegen damit keine verdeckten Gewinnausschüttungen i. S. d. § 8 Abs. 3 Satz 2 KStG vor.

Mangels weiterer Angaben im Sachverhalt liegen keine tatsächlich angefallenen Werbungskosten vor. Es kommt damit zum Ansatz des Arbeitnehmer-Pauschbetrages nach § 9a Satz 1 Nr. 1 EStG i. H. v. 1.200 €.

Die Einkünfte aus nichtselbständiger Arbeit belaufen sich somit auf:

15.000 € · 12 - 1.200 € = 178.800 €.

Einkünfte aus Kapitalvermögen

Gem. § 20 Abs. 1 Nr. 1 EStG handelt es sich bei der Bruttodividende von 120.000 € um Einnahmen aus Kapitalvermögen. Hiervon abzuziehen ist nach § 20 Abs. 9 Satz 1 EStG der Sparer-Pauschbetrag von 801 €. Da E – wie noch begründet werden wird – keine Einkünfte aus Kapitalvermögen bezieht, verdoppelt sich der Pauschbetrag bei Zusammenveranlagung gem. § 20 Abs. 9 Satz 2 EStG auf 1.602 €. Da G keine weiteren Einnahmen aus Kapitalvermögen bezieht, betragen seine Einkünfte aus dieser Einkunftsart (120.000 - 1.602 =) 118.398 €. Es gilt das Zuflussprinzip des § 11 Abs. 1 Satz 1 EStG. G hat die Einnahmen im Veranlagungszeitraum des Jahres 2 zu versteuern.

Mit der Einbehaltung der Kapitalertragsteuer gilt nach § 43 Abs. 5 Satz 1 EStG die auf die Dividenden entfallende Einkommensteuer grundsätzlich als abgegolten. Nach § 32d Abs. 2 Nr. 3 EStG kann G beantragen, auf die Anwendung des gesonderten Steuersatzes von 25 % nach Abs. 1 dieser Norm zu verzichten. Die Dividende ist dann in die Veranlagung der Eheleute Gans einzubeziehen, allerdings nach § 3 Nr. 40 Satz 1 EStG nur zu 60 %, da 40 % nach dieser Vorschrift steuerfrei bleiben (Teileinkünfteverfahren). Die Anwendung des § 32d Abs. 2 Nr. 3 EStG ist möglich, weil die Voraussetzungen dieser Norm erfüllt sind: G ist zu 52 % und damit zu mindestens 25 % an der GmbH beteiligt. Stellt G einen Antrag nach § 32d Abs. 2 Nr. 3 EStG, so betragen seine Einkünfte aus § 20 EStG also (60 % · 120.000 =) 72.000 €.

G hat also die Wahl,

- entweder 118.398 € als Einkünfte aus Kapitalvermögen zum Abgeltungssteuersatz von 25 % oder
- 72.000 € zum „normalen“ Tarif des § 32a Abs. 1 EStG

zu versteuern. Welche Wahl die vorteilhaftere ist, kann hier nicht beurteilt werden, da Daten zur Ermittlung des zu versteuernden Einkommens und damit auch zur Ermittlung der sich aus § 32a EStG ergebenden Steuerschuld fehlen.

Einkünfte der E

Einkünfte aus Gewerbebetrieb gem. § 17 EStG

Hinsichtlich der Veräußerung des Aktienpakets erzielt E einen steuerpflichtigen Gewinn. Bei der Frage nach der Einkünftezuordnung kommen grundsätzlich die §§ 17, 20 und 23 EStG in Betracht, wobei § 23 EStG subsidiär zu § 20 EStG und dieser wiederum subsidiär zu § 17 EStG anzuwenden ist. Bei der Prüfung der Tatbestandsvoraussetzungen zeigt sich, dass § 17 Abs. 1 EStG erfüllt ist, da der Vater von E als deren Gesamtrechtsvorgänger bzw. E selbst als natürliche Person innerhalb der letzten 5 Jahre zu (5.000.000 / 100.000 =) 2 % und damit mindestens zu 1 % am Kapital der R-AG beteiligt war und die Aktien im Privatvermögen gehalten worden sind. Der Veräußerungsgewinn ermittelt sich nach § 17 Abs. 2 EStG als Differenz zwischen den Einnahmen aus der Veräußerung nach Abzug der Aufwendungen, die im unmittelbaren sachlichen Zusammenhang mit dem Veräußerungsgeschäft stehen, und den Anschaffungskosten. Die Einnahmen aus der Veräußerung der Wertpapiere betragen lt. Sachverhalt 182.000 €. Aufwendungen, die im unmittelbaren sachlichen Zusammenhang mit dem Veräußerungsgeschäft stehen, fallen in der Form von Verkaufsprovision und Maklercourtage i. H. v. 720 € an. Die Aktien wurden nicht von E, sondern von ihrem Vater angeschafft. Da dieser verstorben ist und E die Aktien geerbt hat, sind die Anschaffungskosten i. H. v. 140.000 € der E zuzurechnen. Der Gewinn aus der Veräußerung der Aktien ergibt sich somit wie folgt:

	€
Einnahmen aus der Veräußerung	182.000
- abzugsfähige Aufwendungen	- 720
Zwischensumme	181.280
- Anschaffungskosten der Aktien	- 140.000
Gewinn aus der Veräußerung von Aktien	41.280

Weitere Einnahmen aus Gewerbebetrieb gem. § 17 EStG ergeben sich aus dem Sachverhalt nicht.

Von dem steuerpflichtigen Gewinn aus der Veräußerung ist möglicherweise ein Freibetrag nach § 17 Abs. 3 EStG abzuziehen. Der steuerpflichtige Gewinn beträgt nach Anwendung des Teileinkünfteverfahrens gem. § 3 Nr. 40 EStG (41.280 · 0,6 =) 24.768 €. Von diesem kann unter Berücksichtigung des Beteiligungsanteils von 2 % ein Freibetrag von höchstens (9.060 · 0,02 =) 181,20 € in Abzug gebracht werden. Dieser mindert sich nach § 17 Abs. 3 Satz 2 EStG um einen Betrag von (36.100 · 0,02 =) 722 € und schmilzt damit vollständig ab. Ein Freibetrag nach § 17 Abs. 3 EStG kommt folglich nicht zur Anwendung. Die Einkünfte aus Gewerbebetrieb der E belaufen sich damit auf 41.280 € und sind durch Anwendung des Teileinkünfteverfahrens zu 40 % von der Einkommensteuer befreit.

Einkünfte aus Vermietung und Verpachtung

Aus der Vermietung der Eigentumswohnung entsteht ein Überschuss der Einnahmen (9.600 €) über die Werbungskosten (5.400 €) i. H. v. 4.200 €. Dieser Überschuss ist im Rahmen der Veranlagung der Eheleute als Einkünfte aus Vermietung und Verpachtung (§ 21 Abs. 1 Satz 1 Nr. 1 EStG) zu erfassen.

Zu Aufgabe 7

a) Steuerpflicht

W ist unbeschränkt einkommensteuerpflichtig, da er die Voraussetzungen des § 1 Abs. 1 EStG (natürliche Person mit Wohnsitz im Inland) erfüllt.

b) Ermittlung der einzelnen Einkünfte und deren Berücksichtigung im Rahmen der Veranlagung zur Einkommensteuer

Aus dem Sachverhalt ergeben sich folgende Einkünfte:

Einkünfte aus Gewerbebetrieb	€	€
Anteil am Gewinn der Westerhagen-KG		
(§ 15 Abs. 1 Satz 1 Nr. 2 EStG)	43.872	43.872
Einkünfte aus nichtselbständiger Tätigkeit		
Gehalt (§ 19 Abs. 1 EStG)	85.000	
- Arbeitnehmer-Pauschbetrag (§ 9a Nr. 1a EStG)	- 1.200	
Einkünfte aus § 19 EStG	83.800	83.800
Einkünfte aus Kapitalvermögen		
Dividende von der X-AG (§ 20 Abs. 1 Nr. 1 EStG)	18.000	
- Sparer-Pauschbetrag gem. § 20 Abs. 9 EStG	- 801	
Einkünfte aus § 20 EStG	17.199	17.199
Einkünfte aus Vermietung und Verpachtung		
Verlust aus Vermietung des Mehrfamilienhauses	- 15.863	
Überschuss aus der Verpachtung von Weideland	+ 420	
Einkünfte aus § 21 EStG	- 15.443	- 15.443

Mit Ausnahme der Einkünfte aus Kapitalvermögen sind sämtliche ermittelten Einkünfte des W im Rahmen dessen Veranlagung zur Einkommensteuer für den Veranlagungszeitraum des Jahres 1 zu erfassen. Die Einkünfte aus Kapitalvermögen unterliegen grundsätzlich dem gesonderten Steuertarif gem. § 32d Abs. 1 EStG und damit einem Steuersatz von 25 %. Mit der Einbehaltung der Kapitalertragsteuer durch die X-AG i. H. v. [(18.000 - 801) · 25 % =] 4.299,75 € und deren Abführung an das Finanzamt gilt die Einkommensteuerschuld des W hinsichtlich seiner Einkünfte aus Kapitalvermögen grundsätzlich gem. § 43 Abs. 5 EStG als abgegolten. Diese Einkünfte sind somit grundsätzlich nicht in die Einkommensteuerveranlagung des W einzubeziehen. Eine Einbeziehung dieser Einkünfte in die Veranlagung auf Antrag nach § 32d Abs. 2 Nr. 3 sowie Absätze 3, 4 oder 6 EStG kommt nicht in Betracht. Ein Antrag nach § 32d Abs. 2 Nr. 3 EStG kommt deshalb nicht in Betracht, weil W ganz offensichtlich die persönlichen Voraussetzungen dieser Rechtsnorm nicht erfüllt. Gleiches gilt in Bezug auf Anträge nach § 32d Absätze 3 und 4 EStG. Ein Antrag nach § 32d Abs. 6 EStG ist zwar rechtlich möglich, aber wirtschaftlich nicht sinnvoll, da der Differenz-Einkommensteuersatz bei Einbeziehung der Dividende in die Veranlagung höher ist als der Abgeltungssteuersatz von 25 %. Hiervon kann bei der Höhe der Einkünfte, die nicht durch ausgleichs- oder abzugsfähige Verluste kompensiert werden, ohne nähere Prüfung ausgegangen werden.

Nachfolgend wird deshalb davon ausgegangen, dass die Dividende nicht in die Veranlagung einbezogen wird.

c) Summe und Gesamtbetrag der Einkünfte

Die Summe der in die Veranlagung einzubeziehenden Einkünfte ergibt sich wie folgt:

	€	€
Einkünfte aus § 15 EStG	43.872	
Einkünfte aus § 19 EStG	83.800	
Einkünfte aus § 21 EStG	- 15.443	
Summe der Einkünfte (§ 2 Abs. 3 EStG)		112.229

Ein Altersentlastungsbetrag i. S. d. § 24a EStG kommt nicht zum Abzug, so dass die Summe der Einkünfte dem Gesamtbetrag der Einkünfte entspricht.

Gesamtbetrag der Einkünfte (§ 2 Abs. 3 EStG)	112.229

d) Einkommen und zu versteuerndes Einkommen

Einkommen und zu versteuerndes Einkommen ergeben sich wie folgt:

Gesamtbetrag der Einkünfte (§ 2 Abs. 3 EStG)	112.229
- abzugsfähige Sonderausgaben lt. Sachverhalt	- 31.789
Einkommen (§ 2 Abs. 4 EStG)	80.440

Das zu versteuernde Einkommen (§ 2 Abs. 5 EStG) entspricht dem Einkommen, da keine Tariffreibeträge zum Abzug kommen. Es beträgt also 80.440 €.

e) Festzusetzende Einkommensteuer des Jahres 1

Die festzusetzende Einkommensteuer ergibt sich nach § 2 Abs. 6 EStG aus der tariflichen Einkommensteuer, vermindert um die Steuerermäßigungen. Die tarifliche Einkommensteuer ist nach der Tarifformel des § 32a Abs. 1 Satz 2 Nr. 4 EStG zu berechnen (lt. Sachverhalt nach dem Einkommensteuertarif für das Jahr 2022, s. Anhang zu diesem Buch). Unter Beachtung der Rundungsvorschrift des § 32a Abs. 1 Satz 6 EStG beträgt sie

(0,42 · 80.440 - 9.336,45 =) 24.448 €.

Eine Steuerermäßigung ergibt sich hier nach § 35 Abs. 2 EStG aufgrund der in dem zu versteuernden Einkommen enthaltenen gewerblichen Einkünfte nach dem Feststellungsbescheid des Finanzamts Würzburg i. H. v. 4.520 €. Die festzusetzende Einkommensteuer ergibt sich demnach wie folgt:

	€
Tarifliche Einkommensteuer	24.448
- Steuerermäßigungen	- 4.520
Festzusetzende Einkommensteuer	19.928

f) Ermittlung der Abschlusszahlung bzw. des Erstattungsanspruchs

Die Abschlusszahlung bzw. der Erstattungsanspruch für das Jahr 1 ergibt sich wie folgt:

	€
Festgesetzte Einkommensteuer	19.928
- Vorauszahlungen gem. § 36 Abs. 2 Nr. 1 EStG	- 12.600
- einbehaltene Lohnsteuer gem. § 36 Abs. 2 Nr. 2 EStG	- 20.712
Erstattungsanspruch	- 13.384

Zu Aufgabe 8

a) Art der Einkommensteuerpflicht

Die Eheleute Marx sind unbeschränkt einkommensteuerpflichtig, da sie durch ihren Wohnsitz in Trier die Voraussetzungen des § 1 Abs. 1 EStG erfüllen. Da sie zudem die Voraussetzungen des § 26 EStG erfüllen, können sie zwischen der Einzel- und der Zusammenveranlagung wählen. Ohne nähere Prüfung ist ersichtlich, dass die Zusammenveranlagung die vorteilhaftere Veranlagungsform ist.

b) Ermittlung der einzelnen Einkünfte

1. Einkünfte aus selbständiger Arbeit

Sowohl als Steuerberater als auch als Schriftsteller bezieht K Einkünfte aus selbständiger Arbeit (freiberufliche Tätigkeit) gem. § 18 Abs. 1 Nr. 1 EStG. Als Freiberufler unterliegt er weder nach § 140, noch nach § 141 AO der Buchführungspflicht. Er kann deshalb nach § 4 Abs. 3 Satz 1 EStG seinen Gewinn durch eine Einnahmen-Überschuss-Rechnung ermitteln. Gewinn ist dann der Überschuss der Betriebseinnahmen über die Betriebsausgaben. Sowohl die Betriebseinnahmen als auch die Betriebsausgaben hat K bereits ermittelt. Es ergeben sich somit aus den beiden Arten freiberuflicher Tätigkeit folgende Gewinne:

Überschuss der Betriebseinnahmen über die Betriebsausgaben gemäß § 4 Abs. 1 EStG aus der Tätigkeit als Steuerberater und aus seiner Tätigkeit als Journalist

	€	€
Einkünfte aus § 18 Abs. 1 Nr. 1 EStG		
Betriebseinnahmen	682.930	
- Betriebsausgaben	- 422.821	
= Gewinn aus der Tätigkeit als Steuerberater	260.109	
+ Gewinn aus journalistischer Tätigkeit	+ 501	
= Einkünfte aus § 18 EStG	260.610	260.610

Der Gesamtgewinn aus der freiberuflichen Tätigkeit des K beträgt also 260.610 €. Dies sind die Einkünfte des K aus selbständiger Arbeit gem. § 18 EStG.

2. Einkünfte aus nichtselbständiger Tätigkeit

Als angestellte Sekretärin erzielt C Einkünfte aus nichtselbständiger Arbeit i. S. d. § 19 EStG. Die Einkünfte ergeben sich als Saldo aus dem Gehalt von 41.824 € und den Werbungskosten. Da keine Werbungskosten angefallen sind, kommt nach § 9a EStG der Arbeitnehmer-Pauschbetrag von 1.200 € zum Abzug. Die Einkünfte ergeben sich demnach wie folgt:

	€
Gehalt (§ 19 Abs. 1 EStG)	41.824
- Arbeitnehmer-Pauschbetrag (§ 9a EStG)	- 1.200
Einkünfte aus § 19 EStG	40.624

3. Einkünfte aus Kapitalvermögen

Die Dividenden, die K bezieht, sind bei diesem Einnahmen aus Kapitalvermögen i. S. d. § 20 Abs. 1 Nr. 1 EStG. Zu versteuern ist die Bruttodividende. Diese beträgt bei einem Kapitalertragsteuersatz von 25 % der Bruttodividende (7.500 / 1,25 =) 10.000 €. Hiervon abzuziehen ist nach § 20 Abs. 9 EStG der Sparer-Pauschbetrag von 801 €, der sich für Ehegatten verdoppelt. Die Einkünfte aus Kapitalvermögen betragen also (10.000 - 1.602 =) 8.398 €. Diese Einkünfte unterliegen dem ermäßigten Steuersatz von 25 % des § 32d Abs. 1 EStG. Mit der Kapitalertragsteuer auf diese Einkünfte, die von der Depotbank i. H. v. 2.500 € einbehalten worden ist, gilt die Einkommensteuer grundsätzlich gem. § 43 Abs. 5 EStG als abgegolten, d. h. die Einkünfte aus Kapitalvermögen in Höhe von 10.000 € werden grundsätzlich nicht in die Veranlagung einbezogen. Ein Antrag auf Einbeziehung dieser Einkünfte in die Veranlagung gem. § 32d Abs. 6 EStG ist nicht vorteilhaft: Ohne konkrete Berechnung ist bereits ersichtlich, dass der Differenz-Einkommensteuersatz bei einer Einbeziehung in die Veranlagung größer als 25 % und damit höher als der Abgeltungssteuersatz ist. Ein Antrag zur Einbeziehung dieser Einkünfte in die Veranlagung sollte allerdings nach § 32d Abs. 4 EStG gestellt werden, da die Eheleute keinen Freistellungsauftrag erteilt haben und daher i. H. v. (1.602 · 0,25 =) 400,50 €

zu viel Kapitalertragsteuer einbehalten und abgeführt worden ist. Durch diesen Antrag wird allerdings keine Einbeziehung der Einkünfte aus Kapitalvermögen in die Veranlagung vorgenommen, sondern nur der Steuereinbehalt unter Berücksichtigung des Sparer-Pauschbetrags überprüft.

4. Einkünfte aus Vermietung und Verpachtung

Die Eheleute erzielen gem. § 21 Abs. 1 EStG im Jahr 1 folgende Einkünfte aus Vermietung und Verpachtung:

Anteiliger Verlust des K aus der Vermietung der Mietshäuser gem. § 21 Abs. 1 EStG (- 121.830 · 1/3 =)	- 40.610
Überschuss der C aus der Vermietung des Mehrfamilienhauses	+ 5.284
Einkünfte aus § 21 EStG	- 35.326

5. Sonstige Einkünfte

C hat im Jahr 1 durch den Verkauf des Grundstücks ein privates Veräußerungsgeschäft nach § 23 Abs. 1 Satz 1 Nr. 1 i. V. m. § 22 Nr. 2 EStG getätigt. C erzielt damit Sonstige Einkünfte nach § 22 EStG. Der Veräußerungsgewinn ergibt sich nach § 23 Abs. 3 EStG wie folgt:

Veräußerungspreis	98.000
- Anschaffungskosten	- 90.000
- Veräußerungskosten	- 3.800
Einkünfte aus § 22 EStG	4.200

Die Freigrenze von 600 € nach § 23 Abs. 3 Satz 5 EStG wird überschritten und kommt daher nicht zur Anwendung. Der Veräußerungsgewinn von 4.200 € ist in voller Höhe steuerpflichtig.

c) Summe und Gesamtbetrag der Einkünfte

Die Summe der Einkünfte ergibt sich durch Saldierung aller Einkünfte bis auf diejenigen aus Kapitalvermögen, da auf deren Einbeziehung in die Veranlagung verzichtet wird. Es ergibt sich Folgendes:

	Ehemann €	**Ehefrau** €	**Ehegatten** €
Einkünfte aus § 18 EStG	260.610	-	260.610
Einkünfte aus § 19 EStG	-	40.624	40.624
Einkünfte aus § 21 EStG	- 40.610	5.284	- 35.326
Einkünfte aus § 22 EStG	-	4.200	4.200
Summe der Einkünfte (§ 2 Abs. 3 EStG)	220.000	50.108	270.108

Ein Altersentlastungsbetrag i. S. d. § 24a EStG wird nicht gewährt, da keiner der Ehegatten das 64. Lebensjahr vollendet hat, sodass die Summe der Einkünfte dem Gesamtbetrag der Einkünfte entspricht.

d) Einkommen und zu versteuerndes Einkommen

Die Ermittlung des Einkommens und des zu versteuernden Einkommens ergibt sich nach § 2 EStG wie folgt:

Gesamtbetrag der Einkünfte (§ 2 Abs. 3 EStG)	270.108
- abzugsfähige Sonderausgaben	- 20.825
Einkommen (§ 2 Abs. 4 EStG)	249.283

Das zu versteuernde Einkommen (§ 2 Abs. 5 EStG) entspricht dem Einkommen, da keine Tariffreibeträge abzuziehen sind. Es beträgt also 249.283 €.

e) Festzusetzende Einkommensteuer

Die festzusetzende Einkommensteuer ergibt sich nach § 2 Abs. 6 EStG aus der tariflichen Einkommensteuer. Minderungen dieser Steuerschuld ergeben sich aus dem Sachverhalt nicht. Eine Erhöhung ergibt sich hingegen aus der Hinzurechnung der Abgeltungssteuer nach § 32d Abs. 4 EStG. Die tarifliche Einkommensteuer ist nach § 32a EStG zu berechnen. Danach wird die Steuer für zusammenveranlagte Ehegatten nach dem Splitting-Verfahren berechnet. Das zu versteuernde Einkommen der Ehegatten von 249.283 € ist nach § 32a Abs. 5 EStG zunächst zu halbieren und nach Abs. 1 abzurunden. Es ergibt sich ein halbes zu versteuerndes Einkommen von 124.641 €. Von diesem Einkommen ist die Einkommensteuer nach der Tarifformel des § 32a Abs. 1 Satz 2 Nr. 4 EStG zu berechnen. Nach dem Tarif für den Veranlagungszeitraum 2022 (s. Anhang zu diesem Buch) ergibt sich folgende tarifliche Einkommensteuer:

$0{,}42 \cdot 124.641 - 9.336{,}45 = 43.012{,}77$ €.

Dieser Steuerbetrag ist nach § 32a Abs. 1 Satz 6 EStG auf den nächsten vollen Euro-Betrag abzurunden und anschließend nach § 32a Abs. 5 EStG zu verdoppeln. Es ergibt sich somit eine tarifliche Einkommensteuer von (43.012 · 2 =) 86.024 €.

Der tariflichen Einkommensteuer ist die Abgeltungssteuer in der gesetzlich vorgesehenen Höhe (§ 32d Abs. 1 EStG) hinzuzurechnen. Diese Erhöhung der Einkommensteuer ergibt sich wie folgt:

	€
Einnahmen aus Kapitalvermögen	10.000
- doppelter Sparer-Pauschbetrag (§ 20 Abs. 9 EStG)	- 1.602
Kapitalerträge i. S. d. § 32d EStG	8.398

Es ergibt sich eine Steuer nach § 32d EStG i. H. v. (25 % · 8.398 =) 2.099 €.

Die festzusetzende Einkommensteuer ergibt sich als Summe aus der tariflichen Einkommensteuer und der Steuer nach § 32d Abs. 4 EStG mit:

	€
Tarifliche Einkommensteuer	86.024
+ Steuer nach § 32d Abs. 4 EStG	2.099
Festzusetzende Einkommensteuer	88.123

f) Abschlusszahlung bzw. Erstattungsanspruch

Zur Ermittlung der Abschlusszahlung bzw. des Erstattungsanspruchs sind nach § 36 Abs. 2 EStG von der festgesetzten Einkommensteuer die von den Eheleuten geleisteten Einkommensteuer-Vorauszahlungen sowie die einbehaltene Lohnsteuer und Kapitalertragsteuer abzuziehen. Es ergibt sich Folgendes:

	€
Festgesetzte Einkommensteuer	88.123
- Vorauszahlungen gem. § 36 Abs. 2 Nr. 1 EStG	- 54.000
- einbehaltene Lohnsteuer gem. § 36 Abs. 2 Nr. 2 EStG	- 2.584
- einbehaltene Kapitalertragsteuer gem. § 36 Abs. 2 Nr. 2 EStG	- 2.500
verbleiben	29.039

Es verbleibt für die Eheleute Marx eine Abschlusszahlung i. H. v. 29.039 €.

Zu Aufgabe 9

a) Art der Einkommensteuerpflicht und der Veranlagungsform

Die Eheleute Wagner haben im Veranlagungszeitraum (Jahr 1) beide ihren steuerlichen Wohnsitz (§ 8 AO) in Dresden und damit im Inland. Sie sind damit nach § 1 Abs. 1 EStG unbeschränkt einkommensteuerpflichtig. Wenn sie beide die Zusammenveranlagung (§ 26b EStG) wählen, ist diese Veranlagungsform vom Finanzamt durchzuführen. Hiervon wird nachfolgend ausgegangen.

b) Art und Höhe der Einkünfte

Lt. Sachverhalt

- bezieht R eine Beamtenpension,
- erzielt C einen Überschuss aus der Vermietung von Wohnungen,
- bezieht C eine Rente aus einer privaten Rentenversicherung.

Außerdem beziehen die Ehegatten gemeinsam Dividenden.

Bei den *Pensionsbezügen* handelt es sich gem. § 24 Nr. 2 EStG um Einkünfte aus einer ehemaligen Tätigkeit als Arbeitnehmer. Die Einkünfte sind damit den Einkünften aus nichtselbständiger Arbeit i. S. d. § 19 Abs. 1 Satz 1 Nr. 2 EStG zuzuordnen. Bei den Pensionsbezügen von insgesamt 86.796 € handelt es sich in vollem Umfang um Versorgungsbezüge i. S. d. § 19 Abs. 2 Satz 2 EStG. Nach § 19 Abs. 2 Satz 1 EStG bleiben von den Versorgungsbezügen der nach Satz 3 dieser Rechtsnorm zu berechnende Versorgungsfreibetrag und der sich ebenfalls aus dieser Rechtsnorm ergebende Zuschlag hierauf steuerfrei. Nach der in § 19 Abs. 2 Satz 3 EStG enthaltenen Tabelle beträgt bei dem im Sachverhalt genannten Versorgungsbeginn im Jahre 2008 der Versorgungsfreibetrag 35,2 % der Versorgungsbezüge, also (35,2 % · 84.513 € =) 29.748 €, höchstens jedoch 2.640 €. Der hierzu gehörige Zuschlag beträgt nach derselben Rechtsnorm 792 €. Da R bei seinen Einkünften aus nichtselbständiger Arbeit keine Werbungskosten geltend macht, kommt es von

Amtswegen zum Abzug des „Werbungskosten-Pauschbetrag-Versorgungsabzugs" (§ 9a Satz 1 Nr. 1b EStG) i. H. v. 102 €.

Die Einkünfte aus nichtselbständiger Arbeit des R ergeben sich demnach wie folgt:

	€	€
Pensionsbezüge		86.796
- Versorgungsfreibetrag	2.640	
- Zuschlag zum Versorgungsfreibetrag	792	
	3.432	- 3.432
- Werbungskosten-Pauschbetrag-Versorgungsabzug		- 102
Einkünfte aus nichtselbständiger Arbeit		83.262

C bezieht aus den Miethäusern in Düsseldorf gem. § 21 Abs. 1 Satz 1 Nr. 1 EStG Einkünfte aus Vermietung und Verpachtung. Die Höhe ist bereits von dem Steuerberater S mit 82.639 € ermittelt worden. Dieser Betrag ist bei der Veranlagung zur Einkommensteuer der Eheleute Wagner anzusetzen.

Die Rentenbezüge der C aus einer privaten Rentenversicherung unterliegen nach § 22 Nr. 1 Satz 3 Buchstabe a) Doppelbuchstabe bb) EStG der Besteuerung als Sonstige Einkünfte. Sie sind mit ihrem Ertragsanteil anzusetzen. Dieser beträgt nach der in Satz 4 der genannten Rechtsnorm enthaltenen Tabelle – bei einem bei Beginn der Rente vollendeten Lebensjahr von 65 Jahren – 18 % der Rentenbezüge. Da C bei Beginn des Rentenbezugs dieses Lebensalter vollendet hatte, beträgt der Ertragsanteil (18 % · 12.000 =) 2.160 €. Dieser Betrag ist nach Abzug eines Werbungskosten-Pauschbetrags gem. § 9a Satz 1 Nr. 3 EStG i. H. v. 102 € zu versteuern. Die Einkünfte aus der privaten Rentenversicherung betragen also 2.058 €.

Gemeinsam beziehen R und C in der Form von Dividenden Einnahmen aus Kapitalvermögen gem. § 20 Abs. 1 Nr. 1 EStG i. H. v. 32.242 €. Von diesem Betrag abzuziehen ist nach § 20 Abs. 9 Sätze 1 und 2 EStG ein gemeinsamer Sparer-Pauschbetrag von 1.602 €. Die Einkünfte aus Kapitalvermögen betragen demnach (32.242 - 1.602 =) 30.640 €. Diese unterliegen dem ermäßigten Steuersatz des § 32d Abs. 1 EStG von 25 %. Mit der Kapitalertragsteuer auf diese Einkünfte i. H. v. 7.491,44 €, die die Depotbank nach § 43 Abs. 1 Satz 1 Nr. 1 EStG i. V. m. § 32d Abs. 1 Sätze 3 – 5 EStG einbehalten und an das Finanzamt abgeführt hat, gilt die Einkommensteuer auf die Dividenden nach § 43 Abs. 5 EStG als abgegolten. Ein Antrag auf Einbeziehung dieser Einkünfte in die Veranlagung gem. § 32d Abs. 6 EStG ist nicht vorteilhaft. Ohne konkrete Berechnung ist ersichtlich, dass der Differenz-Einkommensteuersatz bei einer Einbeziehung dieser Einkünfte in die Veranlagung größer als der Kapitalertragsteuersatz von 25 % wäre. Ein Antrag auf Einbeziehung dieser Einkünfte in die Veranlagung nach einer anderen Norm des § 32d EStG ist bereits aus rechtlichen Gründen nicht möglich (vgl. Lösung zu Aufgabe 7). Es wird deshalb davon ausgegangen, dass die Eheleute keinen Antrag auf Einbeziehung der Dividenden in die Veranlagung stellen.

Weitere Einkünfte als die bisher behandelten ergeben sich aus dem Sachverhalt nicht.

c) Summe und Gesamtbetrag der Einkünfte

Die Summe der (in der Veranlagung anzusetzenden) Einkünfte (§ 2 Abs. 3 EStG) ergibt sich wie folgt (Angaben in €):

	R	C	Summe
Einkünfte aus nichtselbständiger Arbeit (§ 19 EStG)	83.262	-	83.262
Einkünfte aus Vermietung und Verpachtung (§ 21 EStG)	-	82.639	82.639
Sonstige Einkünfte (§ 22 EStG)	-	2.058	2.058
Summe der Einkünfte (§ 2 Abs. 3 EStG)	83.262	84.697	167.959

Von der Summe der Einkünfte ist nach § 2 Abs. 3 EStG der Altersentlastungsbetrag abzuziehen. Seine Höhe ist in § 24a EStG geregelt. Bemessungsgrundlage ist nach Satz 1 dieser Norm der Arbeitslohn und die positive Summe der übrigen Einkünfte. Ausgenommen sind nach Satz 2 u. a. Versorgungsbezüge i. S. d. § 19 Abs. 2 EStG. Da R ausschließlich derartige Versorgungsbezüge bezieht, kommt bei ihm kein Altersentlastungsbetrag zum Abzug. Die in die Veranlagung einzubeziehenden Einkünfte der C mit Ausnahme der Leibrenten bilden die Bemessungsgrundlage ihres Altersentlastungsbetrages. Sie beträgt also 82.639 €. Klargestellt sei, dass nur die in die Veranlagung einbezogenen Einkünfte zu den positiven Einkünften i. S. d. § 24a Satz 1 EStG gehören; die der Abgeltungssteuer unterliegenden Dividenden der Eheleute Wagner gehören also nicht zu deren Bemessungsgrundlage des jeweiligen Altersentlastungsbetrages.

Die Höhe des Altersentlastungsbetrags ergibt sich nach § 24a Satz 3 EStG als das Produkt aus einem Prozentsatz der die Bemessungsgrundlage bildenden Einkünfte, begrenzt auf einen Höchstbetrag. Der Prozentsatz hängt nach Satz 5 dieser Norm von dem Kalenderjahr ab, in dem die C 65 Jahre alt geworden ist. Dies war lt. Sachverhalt das Jahr 2008. Der Prozentsatz beträgt nach der in § 24a Satz 5 EStG enthaltenen Tabelle 35,2. Dies führt zu einem Entlastungsbetrag von (35,2 % · 82.639 € =) 29.088 €, höchstens jedoch von 1.672 €. Der Gesamtbetrag der Einkünfte (§ 2 Abs. 3 EStG) ergibt sich demnach wie folgt (Angaben in €):

	R	C	Summe
Summe der Einkünfte	83.262	84.697	167.959
- Altersentlastungsbetrag	-	- 1.672	- 1.672
Gesamtbetrag der Einkünfte	83.262	83.025	166.287

d) Einkommen und zu versteuerndes Einkommen

Das Einkommen ergibt sich nach § 2 Abs. 4 EStG durch Abzug der Sonderausgaben und der außergewöhnlichen Belastungen von dem Gesamtbetrag der Einkünfte.

Der Abzug von Sonderausgaben ist in den §§ 10 – 10g EStG geregelt. Die zentrale Vorschrift ist § 10 EStG. Dort wird zwischen beschränkt und unbeschränkt abzugsfähigen Sonderausgaben unterschieden. Beschränkungen ergeben sich aus § 10 Absätze 3 und 4 EStG für die dort genannten Vorsorgeaufwendungen. Zu den Vorsorgeaufwendungen gehören die in § 10 Abs. 1 Satz 1 Nrn. 2, 3 und 3a EStG genannten Versicherungsbeiträge. Hierbei handelt es sich ausschließlich um Personenversicherungen; Beiträge zu Sachversicherungen sind nicht als Sonderausgaben abzugsfähig. Angemerkt sei, dass Beiträge zu Sachversicherungen im Einzelfall als Betriebsausgaben oder Werbungskosten abzugsfähig sein können, dann nämlich, wenn sie hinsichtlich einer bestimmten Einkunftsart den Charakter von Betriebsausgaben oder Werbungskosten besitzen.

Von den im Sachverhalt genannten Versicherungsbeiträgen gehören die Beiträge zur

- Krankenversicherung,
- Pflegeversicherung und zur
- privaten Haftpflichtversicherung

zu den Personenversicherungen. Alle anderen genannten Versicherungsbeiträge werden für Sachversicherungen geleistet und sind damit bereits von der Sache her keine Sonderausgaben.

Beiträge zu einer Krankenversicherung sind nach § 10 Abs. 1 Nr. 3 Buchstabe a) EStG nur insoweit abzugsfähig, als sie zur Erlangung eines durch das „Zwölfte Buch – Sozialgesetzbuch" bestimmten sozialhilfegleichen Versorgungsniveaus erforderlich sind. Sie werden im einschlägigen Sprachgebrauch als „Beiträge zur Basisabsicherung" bezeichnet. Lt. Sachverhalt betragen diese Beiträge für R 6.630 € und für C 5.896 €.

Die Beiträge zur gesetzlichen Pflegeversicherung sind nach § 10 Abs. 1 Nr. 3 Buchstabe b) EStG abzugsfähig. Sie betragen für R 562 € und für C 1.270 €, in Summe also 1.832 €.

Die übrigen Beiträge zu Personenversicherungen sind zwar vom Grundsatz her berücksichtigungsfähig, können aber aufgrund ihrer Höhe nach der Höchstbetragsregelung des § 10 Abs. 4 EStG nicht abgezogen werden.

Unbeschränkt als Sonderausgaben abzugsfähig sind nach § 10 Abs. 1 Nr. 4 EStG die von den Eheleuten Wagner im Wege des Lohnabzugs bzw. im Voraus gezahlten Kirchensteuern i. H. v. insgesamt 3.459 €. Abzugsfähig sind außerdem nach § 10b Abs. 1 EStG die von den Eheleuten an gemeinnützige Organisationen geleisteten Spenden von 7.800 €. Die in der genannten Vorschrift enthaltene Begrenzung des Abzugs auf 20 % des Gesamtbetrags der Einkünfte greift nicht, da der Gesamtbetrag der Einkünfte – wie unter c) ermittelt – 166.287 € beträgt, 20 % dieses Betrages mithin 33.257 € ausmachen.

Aus dem Gesamtbetrag der Einkünfte ergibt sich durch Abzug der ermittelten abzugsfähigen Sonderausgaben das Einkommen wie folgt (Angaben in €):

	R	C	Summe
Gesamtbetrag der Einkünfte	83.262	83.025	166.287
- Krankenversicherungsbeiträge zur Basisversicherung	- 6.630	- 5.896	- 12.526
- Summe der Pflegeversicherungsbeiträge	- 562	- 1.270	- 1.832

- gezahlte Kirchensteuer	- 3.459
- abzugsfähige Spenden	- 7.800
Einkommen	140.670

Das Einkommen der Eheleute Wagner beträgt im Jahre 1 also 140.670 €. Das zu versteuernde Einkommen ergibt sich nach § 2 Abs. 5 Satz 1 EStG aus dem Einkommen durch Abzug der dort genannten persönlichen Freibeträge, wie insbesondere der Kinderfreibeträge. Aus dem Sachverhalt ergeben sich keine derartigen Freibeträge, sodass das zu versteuernde Einkommen – ebenso wie das Einkommen – 140.670 € beträgt. Das zu versteuernde Einkommen bildet nach § 2 Abs. 5 Satz 1 zweiter Halbsatz EStG die Bemessungsgrundlage der tariflichen Einkommensteuer.

e) Festzusetzende Einkommensteuer für das Jahr 1

Zur Ermittlung der festzusetzenden Einkommensteuer für das Jahr 1 ist zunächst die sich aus § 32a EStG ergebende tarifliche Einkommensteuer zu berechnen. Die Tarifformeln sind in Absatz 1 dieser Rechtsnorm enthalten. Da die Eheleute Wagner die Zusammenveranlagung zu wählen beabsichtigen und die Voraussetzungen dieser Veranlagungsform erfüllt sind (s. Ausführungen zu a)), wird nachfolgend von dieser Veranlagungsform ausgegangen. Damit ist vor Anwendung der sich aus § 32a Abs. 1 EStG ergebenden Tarifformel § 32a Abs. 5 EStG zu beachten. Diese Rechtsnorm regelt das im Falle einer Zusammenveranlagung anzuwendende Splittingverfahren. Danach beträgt die tarifliche Einkommensteuer das Zweifache des Steuerbetrags, der sich für die Hälfte des gemeinsamen zu versteuernden Einkommens der Eheleute ergibt.

Die Hälfte des gemeinsamen zu versteuernden Einkommens beträgt (140.670 : 2 =) 70.335 €. Sie liegt innerhalb der vierten Tarifformel des § 32a Abs. 1 EStG. Diese lautet nach dem für das Jahr 2022 geltenden Tarif (s. Anhang):

Einkommensteuer = $0{,}42 \cdot x - 9.336{,}45$.

Für x ist das halbe zu versteuernde Einkommen von 70.335 € einzusetzen. Es ergibt sich dann eine Steuerschuld von

$0{,}42 \cdot 70.335$ € - 9.336,45 € = 20.204,25 €.

Unter Berücksichtigung der Abrundungsvorschrift des § 32a Abs. 1 Satz 6 EStG und der Verdoppelung nach § 32a Abs. 5 EStG ergibt sich eine tarifliche Einkommensteuer von

$20.204 \cdot 2$ € = 40.408 €.

Von diesem Betrag ist die Steuerermäßigung für haushaltsnahe Leistungen gem. § 35a EStG abzuziehen. Für haushaltsnahe Dienstleistungen haben die Eheleute lt. Sachverhalt 6.000 € gezahlt. Diese führen nach § 35a Abs. 2 EStG zu einer Steuerermäßigung von (20 % · 6.000 € =) 1.200 €. Für Handwerkerleistungen haben die Eheleute 10.000 € aufgewendet. Hierdurch ergibt sich nach § 35a Abs. 3 EStG eine Steuerermäßigung von (20 % · 10.000 € =) 2.000 €, höchstens aber von 1.200 €.

Die festzusetzende Einkommensteuer ergibt sich wie folgt:

	€
Tarifliche Einkommensteuer	40.408
- Steuerermäßigung nach § 35a Abs. 2 EStG	- 1.200
- Steuerermäßigung nach § 35a Abs. 3 EStG	- 1.200
im Rahmen der Veranlagung festzusetzende Einkommensteuer	38.008

f) Abschlusszahlung bzw. Erstattungsanspruch

Nach § 36 Abs. 2 EStG werden auf die durch Veranlagung festgesetzte Einkommensteuer die in dieser Norm aufgeführten bereits gezahlten Beträge angerechnet. Es ergibt sich Folgendes:

	€
Festgesetzte Einkommensteuer	38.008
- einbehaltene Lohnsteuer	- 16.431
- bereits geleistete Vorauszahlungen (lt. Sachverhalt)	- 22.000
Erstattungsanspruch	423

Für das Jahr 1 ergibt sich also ein Einkommensteuer-Erstattungsanspruch i. H. v. 423 €.

Zu Aufgabe 10

Die Einkommensteuer-Abschlusszahlung bzw. der Erstattungsanspruch ergibt sich nach § 36 Abs. 2 EStG durch Abzug

- der für den Veranlagungszeitraum entrichteten Einkommensteuer-Vorauszahlungen und
- der durch Steuerabzug erhobenen Einkommensteuer, soweit sie auf bei der Veranlagung erfasste Einkünfte entfällt.

Es ergibt sich Folgendes:

	€	€
Durch Steuerbescheid festgesetzte Einkommensteuer für das Jahr 1		48.480
nach § 36 Abs. 2 Satz 1 Nr. 1 EStG anzurechnende Vorauszahlungen		
1 · 3.200 €	3.200	
3 · 3.600 €	10.800	
	14.000	- 14.000
nach § 36 Abs. 2 Satz 1 Nr. 2 EStG anzurechnende Lohnsteuer		- 30.800
Abschlusszahlung für das Jahr 1		3.680

Die Abschlusszahlung ist gem. § 36 Abs. 4 EStG innerhalb eines Monats nach Bekanntgabe des Steuerbescheids zu leisten, spätestens also am 18. Mai des Jahres 3.

Nach § 37 Abs. 3 EStG bemessen sich die Vorauszahlungen grundsätzlich nach der Einkommensteuer, die sich nach Anrechnung der Steuerabzugsbeträge (§ 36 Abs. 2 Satz 1 Nr. 2 EStG) bei der letzten Veranlagung (hier für das Jahr 1) ergeben hat. Es ergibt sich Folgendes:

	€
Voraussichtliche Einkommensteuerschuld des Jahres 3	48.480
- voraussichtliche Lohnsteuer	- 30.800
für das Jahr 3 zu entrichtende Vorauszahlungen	17.680
- bereits am 10. März des Jahres 3 entrichtet	- 3.070
noch zu entrichtende Vorauszahlungen für das Jahr 3	14.610

Die Vorauszahlungen sind nach § 37 Abs. 1 EStG zu den restlichen Vorauszahlungsterminen am 10. Juni, 10. September und 10. Dezember des Jahres 3 zu entrichten, und zwar in Höhe von jeweils (14.610 : 3 =) 4.870 €.

Zu Aufgabe 11

a) Zu versteuerndes Einkommen

1. A ist beherrschender Gesellschafter der GmbH. Nur aufgrund dieses Sachverhalts ist die überhöhte Gehaltszahlung verständlich, die die GmbH an ihn gezahlt hat. In der Höhe, in der das Gehalt den angemessenen Betrag übersteigt, ist eine verdeckte Gewinnausschüttung i. S. d. § 8 Abs. 3 Satz 2 KStG gegeben. Angemessen ist lt. Sachverhalt eine Gehaltszahlung von 1.200.000 €. Die verdeckte Gewinnausschüttung beträgt somit (2.240.000 - 1.200.000 =) 1.040.000 €. Die verdeckte Gewinnausschüttung ist nach § 8 Abs. 3 Satz 2 KStG dem Gewinn zur Ermittlung des zu versteuernden Einkommens hinzuzurechnen.

2. Die Zahlung des Gehalts an S ist ebenfalls auf die Gesellschafterstellung des A zurückzuführen, da sie ohne Gegenleistung erfolgte. In Höhe des Gehalts von 120.000 € liegt eine verdeckte Gewinnausschüttung vor, die ebenfalls bei der Ermittlung des Einkommens nach § 8 Abs. 3 Satz 2 KStG hinzuzurechnen ist.

3. Die Körperschaftsteuer-Vorauszahlungen von insgesamt 1.693.840 € sind nichtabziehbare Aufwendungen i. S. d. § 10 Nr. 2 KStG. Die Gewerbesteuer-Vorauszahlungen in Höhe von 1.644.800 € sind gem. § 4 Abs. 5b EStG nicht abzugsfähige Betriebsausgaben. Da die Vorauszahlungen als Aufwand verbucht wurden, sind sie dem Steuerbilanzgewinn außerhalb der Bilanz hinzuzurechnen.

Das zu versteuernde Einkommen der Z-GmbH für das Jahr 1 lässt sich wie folgt ermitteln:

	€
Steuerbilanzgewinn	15.892.600
+ verdeckte Gewinnausschüttung Gehalt für A	1.040.000
+ verdeckte Gewinnausschüttung Gehalt für S	120.000
+ Körperschaftsteuer-Vorauszahlungen	1.693.840
+ Gewerbesteuer-Vorauszahlungen	1.644.800
zu versteuerndes Einkommen	20.391.240

b) Körperschaftsteuerschuld und Abschlusszahlung bzw. Erstattungsanspruch

Die Körperschaftsteuerschuld für das Jahr 1 ergibt sich aus dem Produkt aus dem zu versteuernden Einkommen und der Tarifbelastung gem. § 23 Abs. 1 KStG.

	€
Sie beträgt (20.391.240 · 15 % =)	3.058.686
abzüglich der Vorauszahlungen (§ 31 Abs. 1 KStG i. V. m. § 36 Abs. 2 Satz 1 Nr. 1 EStG)	1.693.840
ergibt sich eine Abschlusszahlung von	1.364.846

c) Körperschaftsteuer-Vorauszahlungen

Die Vorauszahlungen für das Jahr 2 bemessen sich nach der letzten Veranlagung, d. h. der Veranlagung für das Jahr 1 (§ 31 Abs. 1 KStG i. V. m. § 37 Abs. 3 EStG). Für das dritte und vierte Quartal sind dann noch (3.058.686 - 846.920 =) 2.211.766 € vorauszuzahlen, d. h. je Quartal (2.211.766 : 2 =) 1.105.883 €.

d) Gewerbesteuerschuld

Besteuerungsgrundlage für die Gewerbesteuer ist nach § 6 GewStG der Gewerbeertrag. Dieser ergibt sich nach § 7 Abs. 1 GewStG aus dem Gewinn des Gewerbebetriebes der Z-GmbH zuzüglich der sich aus § 8 GewStG ergebenden Hinzurechnungen und abzüglich der sich aus § 9 GewStG ergebenden Kürzungen. Bei dem Gewinn aus dem Gewerbebetrieb i. S. d. § 7 Abs. 1 GewStG handelt es sich um das zu versteuernde Einkommen der GmbH i. H. v. 20.391.240 €. Hinzuzurechnen ist nach § 8 Nr. 1 Buchstabe a GewStG ein Betrag in Höhe eines Viertels des Betrages, um den die Zinsen von 920.840 € den in § 8 Nr. 1 GewStG enthaltenen Freibetrag von 200.000 € übersteigen. Die Hinzurechnung beträgt demnach [(920.840 - 200.000) · 0,25 =] 180.210 €. Gründe für Kürzungen gem. § 9 GewStG ergeben sich aus dem Sachverhalt nicht.

Der Gewerbeertrag ergibt sich demnach wie folgt:	€
Gewinn aus Gewerbebetrieb	20.391.240
+ Hinzurechnung gem. § 8 Nr. 1 GewStG	180.210
= Gewerbeertrag	20.571.450
abgerundeter Gewerbeertrag (§ 11 Abs. 1 Satz 3 GewStG)	20.571.400

Die Gewerbesteuerschuld für das Jahr 1 ergibt sich als Produkt aus dem abgerundeten Gewerbeertrag, der Steuermesszahl für den Gewerbeertrag i. H. v. 3,5 % (§ 11 Abs. 2 GewStG) und dem Hebesatz von 480 % (§ 16 GewStG):

Gewerbesteuerschuld (20.571.400 · 3,5 % · 480 % =) 3.455.995,20 €

Zu Aufgabe 12

a) Art der Körperschaftsteuerpflicht

Die Y-AG ist nach § 1 KStG unbeschränkt körperschaftsteuerpflichtig, da sie ihren Sitz im Inland hat.

b) Ermittlung des zu versteuernden Einkommens

A ist beherrschender Aktionär der Y-AG. Nur aufgrund dieses Sachverhalts ist die überhöhte Gehaltszahlung verständlich, die die AG an A gezahlt hat. In der Höhe, in der das Gehalt den angemessenen Betrag übersteigt, ist eine verdeckte Gewinnausschüttung gegeben. Angemessen ist lt. Sachverhalt eine Gehaltszahlung von höchstens 1.800.000 €. Die verdeckte Gewinnausschüttung beträgt somit (5.000.000 - 1.800.000 =) 3.200.000 €. Sie ist nach § 8 Abs. 3 Satz 2 KStG dem Gewinn zur Ermittlung des zu versteuernden Einkommens hinzuzurechnen.

Der Erwerb des Porsche zum Buchwert von 20.000 € ist ebenfalls nur aufgrund der beherrschenden Stellung des A verständlich. Es liegt eine verdeckte Gewinnausschüttung in Höhe des Betrages vor, um den der Verkaufspreis den Verkehrswert des Pkw unterschreitet. Der Verkehrswert des Porsche wird auf 90.000 € geschätzt. Somit liegt i. H. v. 70.000 € eine verdeckte Gewinnausschüttung i. S. d. § 8 Abs. 3 Satz 2 KStG vor, die bei der Ermittlung des zu versteuernden Einkommens der Y-AG hinzuzurechnen ist.

Auch die Entnahme und anschließende Schenkung des Bildes an seine Frau ist nur aufgrund der beherrschenden Stellung des A verständlich. Es liegt eine verdeckte Gewinnausschüttung in Höhe des Verkehrswertes vor. Der Verkehrswert des Bildes wird auf 180.000 € geschätzt. Somit liegt in dieser Höhe eine verdeckte Gewinnausschüttung i. S. d. § 8 Abs. 3 KStG vor, die bei der Ermittlung des zu versteuernden Einkommens hinzuzurechnen ist.

Die Gewerbesteuer-Vorauszahlungen in Höhe von 15.680.960 € sind gem. § 4 Abs. 5b EStG nicht abzugsfähige Betriebsausgaben. Die Körperschaftsteuer-

Vorauszahlungen in Höhe von 16.270.400 € sind nicht abzugsfähige Aufwendungen i. S. d. § 10 Nr. 2 KStG. Diese Steuer-Vorauszahlungen i. H. v. insgesamt 31.951.360 € sind dem Gewinn zur Ermittlung des Einkommens hinzuzurechnen.

Die Gewinnausschüttung der X-GmbH stellt einen Beteiligungsertrag i. S. d. § 8b Abs. 1 KStG dar. Dieser bleibt bei der Ermittlung des Einkommens nach der genannten Norm außer Ansatz. Allerdings gelten 5 % der Gewinnausschüttung als nicht abzugsfähige Betriebsausgabe nach § 8b Abs. 5 KStG.

Das zu versteuernde Einkommen der Y-AG ermittelt sich wie folgt:

	€
Steuerbilanzgewinn	130.050.540
+ verdeckte Gewinnausschüttung Gehalt	3.200.000
+ verdeckte Gewinnausschüttung Porsche	70.000
+ verdeckte Gewinnausschüttung Bild	180.000
- Beteiligungsertrag	200.000
+ nicht abzugsfähiger Beteiligungsertrag	10.000
+ nicht abzugsfähige Steuern	31.951.360
Einkommen = zu versteuerndes Einkommen	165.261.900

c) Körperschaftsteuerschuld für das Jahr 1 und zu erwartende Abschlusszahlung

Die Körperschaftsteuerschuld ergibt sich aus dem Produkt aus dem zu versteuernden Einkommen und dem Steuersatz gemäß § 23 Abs. 1 KStG. Sie beträgt (165.261.900 € · 15 % =) 24.789.285 €. Abzüglich der Vorauszahlungen (§ 31 Abs. 1 KStG i. V. m. § 36 Abs. 2 Satz 1 Nr. 1 EStG) i. H. v. 16.270.400 € ist somit eine Abschlusszahlung von 8.518.885 € zu erwarten.

d) Körperschaftsteuer-Vorauszahlungen für die drei letzten Quartale des Jahres 2

Die Vorauszahlungen für das Jahr 2 bemessen sich nach der Steuerschuld für das Jahr 1 i. H. v. 24.789.285 € (§ 31 Abs. 1 KStG i. V. m. § 37 Abs. 3 EStG). Nach Abzug der Vorauszahlung für das erste Quartal i. H. v. 5.680.920 € sind für die letzten drei Quartale des Jahres 2 noch (24.789.285 - 5.680.920 =) insgesamt 19.108.365 € vorauszuzahlen. Somit sind für die Quartale 2 bis 4 des Jahres 2 je (19.108.365 : 3 =) 6.369.455 € an Vorauszahlungen zu leisten.

e) Gewerbesteuerschuld für das Jahr 1 und zu erwartende Abschlusszahlung

Bemessungsgrundlage für die Gewerbesteuer ist nach § 6 GewStG der Gewerbeertrag. Dieser ergibt sich nach § 7 Abs. 1 GewStG aus dem Gewinn des Gewerbebetriebes der Y-AG zuzüglich der sich aus § 8 GewStG ergebenden Hinzurechnungen und abzüglich der sich aus § 9 GewStG ergebenden Kürzungen. Bei dem Gewinn aus Gewerbebetrieb i. S. d. § 7 Abs. 1 GewStG handelt es sich um das zu versteuernde Einkommen der AG i. H. v. 165.261.900 €. Hinzuzurechnen ist nach § 8 Nr. 1 Buchstabe a GewStG ein Betrag in Höhe eines Viertels des Betrages, um den die Zinsen von 820.540 € den in § 8 Nr. 1 GewStG enthaltenen Freibetrag von 200.000 € übersteigen. Die Hinzurechnung beträgt demnach [(820.540 - 200.000) · 0,25 =] 155.135 €. Gründe für weitere Hinzurechnungen gem. § 8 GewStG oder für Kürzungen gem. § 9 GewStG ergeben sich aus dem Sachverhalt nicht.

Der Gewerbeertrag ergibt sich demnach wie folgt:	€
Gewinn aus Gewerbebetrieb	165.261.900
+ Hinzurechnung gemäß § 8 Nr. 1 GewStG	155.135
= Gewerbeertrag	165.417.035
abgerundeter Gewerbeertrag (§ 11 Abs. 1 Satz 3 GewStG)	165.417.000

Die Gewerbesteuerschuld für das Jahr 1 ergibt sich als Produkt aus dem abgerundeten Gewerbeertrag, der Steuermesszahl für den Gewerbeertrag i. H. v. 3,5 % (§ 11 Abs. 2 GewStG) und dem Hebesatz von 380 % (§ 16 GewStG). Sie beträgt (165.417.000 · 3,5 % · 380 % =) 22.000.461 €.

Abzüglich der bereits geleisteten Gewerbesteuer-Vorauszahlungen i. H. v. 15.680.960 € (§ 20 Abs. 1 GewStG) ist somit eine Abschlusszahlung von 6.319.501 € zu erwarten.

Zu Aufgabe 13

a) Während die Gehaltszahlungen an A, die Zinszahlungen an B und die Mietzahlungen an C handelsrechtlich den Jahresüberschuss zulässigerweise gemindert haben, handelt es sich steuerlich um Vorabgewinne, die als Gewinnbestandteile zu behandeln sind (§ 15 Abs. 1 Satz 1 Nr. 2 EStG). Da sie den Steuerbilanzgewinn der KG gemindert haben, sind sie diesem Gewinn außerbilanziell zur Ermittlung des steuerlichen Gewinns der Mitunternehmerschaft wieder hinzuzurechnen. Der Gewinn der Mitunternehmerschaft muss nach den §§ 179 und 180 AO für steuerliche Zwecke gesondert und einheitlich wie folgt festgestellt werden (Angaben in €):

		Gesellschafter		
Gewinn	Summe	A	B	C
Vorabgewinne:				
Gehaltszahlungen	124.000	124.000	--	--
Zinszahlungen	6.940	--	6.940	--
Mietzahlungen	28.980	--	--	28.980
Gewinn der KG lt. Steuerbilanz (Jahresüberschuss)	42.960	21.480	12.888	8.592
Gesamtgewinn	202.880	145.480	19.828	37.572

Der steuerliche Gesamtgewinn der Mitunternehmerschaft beträgt somit 202.880 €. Dieser unterliegt der Gewerbesteuer. Hiervon wird den Gesellschaftern ihr Vorabgewinn und ihr Anteil am verbleibenden Gewinn gemäß dem Gewinnverteilungsschlüssel 50 : 30 : 20 zugerechnet. A hat danach gem. § 15 Abs. 1 Satz 1 Nr. 2 EStG 145.480 €, B 19.828 € und C 37.572 € einkommensteuerlich als Einkünfte aus Gewerbebetrieb zu erfassen.

b) Handelt es sich um eine GmbH, sind die Gehaltszahlungen an A, die Zinszahlungen an B und die Mietzahlungen an C bei der Gesellschaft steuerlich Betriebsausgaben i. S. d. § 4 Abs. 4 EStG. Sie haben den Steuerbilanzgewinn der Gesellschaft somit zu Recht gemindert. Der steuerliche Gewinn im Fall einer GmbH beträgt 42.960 €. In dieser Höhe entsteht bei der GmbH sowohl Gewerbeertrag i. S. d. GewStG als auch zu versteuerndes Einkommen i. S. d. KStG. Die Gesellschafter haben die jeweiligen Zahlungen ihrer persönlichen Einkommensteuer zu unterwerfen. Gesellschafter A erzielt nach § 19 EStG Einnahmen aus nichtselbständiger Tätigkeit i. H. v. 124.000 €, Gesellschafter B nach § 20 EStG Einnahmen aus Kapitalvermögen i. H. v. 6.940 € und Gesellschafter C nach § 21 EStG Einnahmen aus Vermietung und Verpachtung i. H. v. 28.980 €.

Angemerkt sei, dass die Zinsen bei B in die Veranlagung einzubeziehen sind. Sie können nach § 32d Abs. 2 Nr. 1 Buchstabe b) EStG nicht nach dem gesonderten Steuertarif des § 32d Abs. 1 EStG versteuert werden.

Teil II
Steuerliche Gewinnermittlung

Aufgaben zu Teil II

Aufgabe 1

Definieren bzw. erläutern Sie die nachfolgend aufgeführten Begriffe. Soweit sich diese aus Rechtsnormen ergeben, zitieren Sie diese.

a) Gewinn

b) Bestandsvergleich

c) Einnahmen-Überschussrechnung nach § 4 Abs. 3 EStG

d) Jahresüberschuss, Steuerbilanzgewinn, steuerlicher Gewinn

e) Taxonomie

f) Bilanztheorien

g) Maßgeblichkeitsgrundsatz

h) Grundsätze ordnungsmäßiger Buchführung und Bilanzierung (GoB)

i) Stichtags-, Vorsichts-, Realisations- und Imparitätsprinzip

j) Wirtschaftsgut, Vermögensgegenstand

k) Anlagevermögen, Umlaufvermögen

l) Rückstellungen, Rücklagen

m) Betriebsvermögen, Privatvermögen

n) Anschaffungskosten, Herstellungskosten, Herstellkosten

o) Teilwert, gemeiner Wert

p) Absetzung für Abnutzung

q) Zu- und Abflussprinzip

r) Stille Reserven

s) Entstrickung und Verstrickung stiller Reserven

t) Sonderbetriebsvermögen, Sonderbilanzen

u) Ergänzungsbilanz

v) Bilanzberichtigung, Bilanzänderung

w) Betriebliche Veräußerungsrente

Aufgabe 2

Kreuzen Sie bitte an, ob die folgenden Aussagen richtig oder falsch sind.

Aussage	richtig	falsch
• Die GoB beruhen auf der dynamischen Bilanztheorie.		
• Für die Bilanzansätze in der Handelsbilanz sind die steuerlichen Bilanzansätze maßgeblich.		
• Die Bewertung in der Steuerbilanz richtet sich vorrangig nach Handelsrecht.		
• Der Wertansatz in der Eröffnungsbilanz eines Jahres muss mit dem in der Schlussbilanz des Vorjahres übereinstimmen.		
• In der Steuerbilanz muss ausnahmslos stetig bewertet werden.		
• Von dem Maßgeblichkeitsgrundsatz gibt es Ausnahmen.		
• Nur realisierte Gewinne dürfen steuerrechtlich ausgewiesen werden.		
• Ein Steuerpflichtiger kann den Bilanzstichtag nur im Einvernehmen mit dem Finanzamt ändern.		
• Die Begriffe Vermögensgegenstand und Wirtschaftsgut sind weitgehend identisch.		
• Alle Wirtschaftsgüter sind zu aktivieren.		
• Ein Disagio muss steuerrechtlich aktiviert werden.		
• Ein selbstentwickeltes Patent muss handelsrechtlich aktiviert werden.		
• Ein selbstentwickeltes Patent darf handelsrechtlich nicht aktiviert werden.		
• Ein selbstentwickeltes Patent darf steuerrechtlich nicht aktiviert werden.		
• Zum Anlagevermögen gehört das Vermögen, das dem Betrieb dauernd zu dienen bestimmt ist.		

Aussage	richtig	falsch
• Die Begriffe Umlaufvermögen und bewegliches Vermögen sind identisch.		
• Unbebaute Grundstücke gehören stets zum Anlagevermögen.		
• Bebaute Grundstücke können auch zum Umlaufvermögen gehören.		
• Rückstellungen für drohende Verluste aus schwebenden Geschäften müssen sowohl in der Handels- als auch in der Steuerbilanz gebildet werden.		
• Rückstellungen für ungewisse Verbindlichkeiten müssen sowohl in der Handels- als auch in der Steuerbilanz gebildet werden.		
• Wertpapiere können sowohl zum Anlage- als auch zum Umlaufvermögen gehören.		
• Die Begriffe andere Rücklagen und steuerfreie Rücklagen stimmen nicht überein.		
• Privatvermögen können natürliche Personen, nicht hingegen Kapitalgesellschaften besitzen.		
• Ein zivilrechtlicher Eigentümer ist zugleich stets wirtschaftlicher Eigentümer.		
• In die Anschaffungskosten dürfen keine Gemeinkosten einbezogen werden.		
• In die handelsbilanziellen Herstellungskosten sind die allgemeinen Verwaltungskosten einzubeziehen.		
• Kosten für Werbemaßnahmen dürfen nicht in die Herstellungskosten einbezogen werden.		
• Herstellkosten und Herstellungskosten sind identische Begriffe.		
• Eine voraussichtlich dauernde Wertminderung eines Wirtschaftsgutes muss stets durch eine Teilwertabschreibung berücksichtigt werden.		

Aussage	**richtig**	**falsch**
• Über die Anschaffungskosten hinaus darf steuerrechtlich nicht zugeschreiben werden.		
• Ist der Teilwert eines Wirtschaftsgutes höher als dessen Herstellungskosten, so muss stets eine Zuschreibung erfolgen.		
• Ist der Teilwert eines nichtabnutzbaren Wirtschaftsgutes höher als der letzte Bilanzansatz, aber niedriger als seine Anschaffungskosten, so muss eine Zuschreibung auf den Teilwert erfolgen.		
• Steuerrechtliche Sonderabschreibungen müssen in die Handelsbilanz übernommen werden.		
• Die handelsrechtliche Abschreibung auf Gebäude kann steuerrechtlich stets übernommen werden.		
• Es gibt Fälle, in denen die handelsrechtliche Abschreibung steuerrechtlich übernommen werden kann.		
• Geringwertige Wirtschaftsgüter müssen im Jahr ihrer Anschaffung stets voll abgeschrieben werden.		
• Rückstellungen müssen in Handels- und Steuerbilanz stets gleich bewertet werden.		
• Entnahmen sind mit dem gemeinen Wert zu bewerten.		
• Entnahmen sind mit dem Teilwert zu bewerten.		
• Eine Entstrickung beinhaltet die Aufdeckung stiller Reserven.		
• Eine Ergänzungsbilanz kann bei der Veräußerung eines Mitunternehmeranteils entstehen.		
• Eine Sonderbilanz enthält dem Betrieb einer Mitunternehmerschaft von einem Mitunternehmer zur Verfügung gestellte Wirtschaftsgüter.		
• Bei der unentgeltlichen Übertragung eines Betriebs im Rahmen der vorweggenommenen Erbfolge sind die bisherigen Buchwerte in die Eröffnungsbilanz des Erwerbers zu übernehmen.		

Aussage	richtig	falsch
• Eine betriebliche Veräußerungsrente ist nicht in der Bilanz des Betriebserwerbers anzusetzen.		
• Pensionsrückstellungen sind in der Steuerbilanz mit ihrem nach dem Handelsrecht ermittelten Wert zu bewerten.		
• Bei einem entgeltlichen Betriebserwerb hat der Erwerber die erworbenen Wirtschaftsgüter mit ihren Teilwerten, höchstens jedoch mit ihren Anschaffungs- oder Herstellungskosten anzusetzen.		

Aufgabe 3

Nehmen Sie bitte zu der Frage Stellung, welche bilanziellen Folgen aus den nachfolgend geschilderten Sachverhalten zu ziehen sind. Gehen Sie hierbei sowohl auf die handels- als auch die steuerbilanziellen Folgen ein. Begründen Sie Ihre Ausführungen anhand der einschlägigen Rechtsnormen und zitieren Sie diese. In allen Fällen entspricht das Wirtschaftsjahr dem Kalenderjahr.

a) Die I-GmbH ist Importeur von Textilien aus Asien. In der Silvesternacht vom 31.12. des Jahres 1 auf den 1.1. des Jahres 2 bricht aus ungeklärten Gründen in einer ihrer Lagerhallen ein Brand aus, der innerhalb kurzer Zeit sowohl die Lagerhalle selbst als auch die in ihr gelagerten Textilien vernichtet. Es bleiben nur noch verkohlte Trümmer übrig. Die Kosten für deren Beseitigung im Januar des Jahres 2 betragen 20.820 €. Der Geschäftsführer G der GmbH erfährt von dem Brand erst am 3.1.2., da er die Silvesternacht auf seiner Yacht in der Südsee verbringt und sich aufgrund eines Silvesterkaters erst am 3.1.2 um die inzwischen eingegangenen E-Mails kümmert. Der Buchwert der Lagerhalle beträgt zum Zeitpunkt des Brandes 1.520.600 €, der der Vorräte 1.750.400 €. Die am 2.1.2 von dem Prokuristen über den Brand benachrichtigte Feuerversicherung weigert sich zunächst, der GmbH irgendeine Leistung zu erbringen. Erst nach dem die GmbH vor Gericht eine Schadenersatzklage erhoben hat, erklärt sich die Versicherung am 22.12.2 im Rahmen eines Vergleichs bereit, einen Schadenersatz i. H. v. insgesamt 2.100.000 € zu leisten. Sie überweist diesen Betrag am 2.1.3 auf das von der GmbH benannte Konto.

   Unterscheiden Sie bei der Lösung dieser Aufgabe bitte zwischen den Fällen, dass die Vernichtung der Lagerhalle und der Vorräte
   a1) kurz vor Mitternacht,
   a2) kurz nach Mitternacht
   erfolgt.

   Gehen Sie davon aus, dass der Jahresabschluss der GmbH während der Monate Februar bis April des Jahres 2 erstellt und am 2.5.2 auf der Gesellschafterversammlung festgestellt wird.

b) Der deutsche Importeur I kauft Luxusuhren in der Schweiz. Die Zahlung wird in Schweizer Franken (CHF) vereinbart. Bis zum Bilanzstichtag am 31.12.1, an dem der Vertrag noch nicht erfüllt ist, verschlechtert sich der Kurs des Euro im Vergleich zum Franken gegenüber dem Zeitpunkt des Vertragsabschlusses erheblich. Am Bilanzstichtag muss I mit einem Verlust aus dem Geschäft i. H. v. 10.000 € rechnen, da er die Mehrkosten nicht auf seine eigenen Abnehmer abwälzen kann.

c) Ein Lebensmittelfilialist in der Rechtsform einer GmbH & Co. KG errichtet auf einem für 30 Jahre gepachteten Grundstück ein Gebäude, in dem er eine weitere Filiale zu betreiben beabsichtigt. Die Herstellungskosten des Gebäudes betragen 10.820.710 €. Das Gebäude ist am 31.12. des Jahres 1 bezugsfertig.

Aufgabe 4

Am 15.7. des Jahres 1 wird der Y-GmbH in Essen eine Spezialmaschine für ihre Produktion zum Rechnungspreis von 420.000 € geliefert. Die betriebsgewöhnliche Nutzungsdauer beträgt voraussichtlich 10 Jahre. Die Y-GmbH überweist den Kaufpreis unter Abzug von 3 % Skonto am 17.7. des Jahres 1 an den Lieferanten. Außerdem überweist sie an einen Spediteur 9.400 € für die Verpackung und den Transport der Maschine. In der Zeit vom 18. bis zum 26.7. des Jahres 1 lässt die Y-GmbH die Maschine von selbstständigen Handwerkern in ihrem Essener Werk aufbauen. Die Handwerker stellen der GmbH hierfür insgesamt 3.200 € in Rechnung. Die Y-GmbH überweist den Rechnungsbetrag an die Handwerker am 8.8. des Jahres 1 in voller Höhe. Am 1.8. des Jahres 1 nimmt die Y-GmbH die Maschine in Betrieb.

Ermitteln Sie bitte die Anschaffungskosten der Maschine nach Handels- und Steuerrecht sowie den handels- und den steuerbilanziellen Wertansatz in der Bilanz zum 31.12. des Jahres 1 unter der Voraussetzung, dass die Y-GmbH in der Handelsbilanz einen möglichst hohen und in der Steuerbilanz einen möglichst niedrigen Gewinnausweis anstrebt.

Gehen Sie bei Ihrer Lösung davon aus, dass handelsrechtlich bei Anwendung der degressiven Abschreibungsmethode ein Abschreibungssatz von maximal 25 % GoB-konform ist und dass steuerrechtlich nach der für das Jahr 1 geltenden Fassung des § 7 EStG eine geometrisch degressive AfA nicht zulässig ist.

Bei allen genannten Preisen handelt es sich um Nettopreise, d. h. um Preise ohne gesetzliche Mehrwertsteuer. Die Y-GmbH ist vorsteuerabzugsberechtigt.

Begründen Sie Ihre Ausführungen bitte anhand der einschlägigen gesetzlichen Vorschriften.

Aufgabe 5

Die R-GmbH mit Sitz in Remscheid produziert Werkzeuge. Sie verfügt weltweit über mehrere Produktionsstätten. Für jede von ihnen erstellt sie gesonderte Betriebsabrechnungsbögen (BAB). Nach dem BAB ihrer Produktionsstätte in Remscheid-Lennep sind dort im Jahre 1 folgende Kosten angefallen:

		Kosten lt. BAB
	Mio. €	Mio. €
• Rohstoffe		40,0
• Hilfs- und Betriebsstoffe		2,0
• Lagerhaltung, Materialtransport und Prüfung einschließlich der hierunter fallenden Personalkosten		2,0
• Löhne und Gehälter des Fertigungsbereichs:		
- Fertigungslöhne	32	
- Hilfslöhne	1	
- Gehälter	15	48,0
• Dem Fertigungsbereich zurechenbare Arbeitgeberanteile zur Sozialversicherung:		
- auf die Fertigungslöhne entfallend	6,4	
- auf die Hilfslöhne entfallend	0,2	
- auf die Gehälter entfallend	3,0	9,6
• Abschreibungen auf Fertigungsanlagen:		
- planmäßige Abschreibung = Normal-AfA	19,4	
- außerplanmäßige Abschreibung	4,0	
- zusätzliche kalkulatorische Abschreibungen auf die Differenz zwischen Wiederbeschaffungskosten und Anschaffungskosten der Anlagen	2,0	25,4
• Zinsen:		
- den am Bilanzstichtag vorhandenen Erzeugnissen direkt zurechenbare Fremdkapitalzinsen	5,0	
- sonstige Fremdkapitalzinsen	3,0	
- kalkulatorische Eigenkapitalzinsen	7,0	15,0
• Steuern:		
- Körperschaftsteuer	3,0	
- Gewerbesteuer	3,2	6,2
• Betriebliche Altersversorgung, freiwillige		
• soziale Leistungen		6,0
• Kosten der allgemeinen Verwaltung		84,0
• Vertriebskosten		32,0
Kosten des Jahres 1 insgesamt		270,2

Im Jahre 1 sind insgesamt 80.000 Erzeugnisse hergestellt worden. Hiervon befinden sich am Bilanzstichtag, dem 31.12.1, noch 8.000 Stück als Fertigerzeugnisse auf Lager. Es kann davon ausgegangen werden, dass diese Fertigerzeugnisse im Durchschnitt die gleichen Herstellungskosten pro Stück verursacht haben wie der Durchschnitt aller im Jahr 1 hergestellten Fertigerzeugnisse.

Es sind die Herstellungskosten der am 31.12.1 vorhandenen Fertigerzeugnisse zu ermitteln. Zu ermitteln sind in diesem Zusammenhang

a) die Wertuntergrenze nach § 255 HGB,
b) die Wertuntergrenze nach Steuerrecht,
c) die Wertobergrenzen für Handels- und Steuerrecht und
d) die nicht in die Herstellungskosten einbeziehungsfähigen Kosten.

Aufgabe 6

Im Jahr 1 hat die A-KG börsennotierte fünfjährige Inhaberschuldverschreibungen mit einem Nominalwert von 200.000 € zu einem Kurswert von 90 % erworben. Die Wertpapiere sollen dem Unternehmen als Liquiditätsreserve dienen. Bei Endfälligkeit werden die festverzinslichen Wertpapiere zu ihrem Nominalwert eingelöst.

In den Bilanzen der A-KG (Handelsbilanz = Steuerbilanz) zum 31.12.1 sind die Wertpapiere mit ihren Anschaffungskosten bewertet worden. Aufgrund eines Zinsanstiegs am Kapitalmarkt fällt der Wert der Wertpapiere im Verlauf des Jahres 2 und beträgt am 31.12.2 85 % ihres Nominalwertes. Am 27.5. des Jahres 3, dem Tag der Bilanzerstellung für das Jahr 2, beträgt ihr Wert 84 % des Nominalwertes. Im weiteren Verlauf des Jahres 3 steigt der Wert wieder an und beträgt am 31.12.3 92 %.

Ermitteln Sie die handels- und steuerrechtlich zulässigen Wertansätze der Wertpapiere in den Bilanzen der A-KG zum 31.12.2 und zum 31.12.3. Anschaffungsnebenkosten sind zu vernachlässigen. Begründen Sie Ihre Ausführungen bitte anhand der gesetzlichen Vorschriften.

Aufgabe 7

In Erwartung erheblicher Preissteigerungen erwirbt die A & B-KG (KG) Mitte des Jahres 1 für 520.840 € 500 kg eines seltenen Edelmetalls. Sie benötigt derartiges Metall für die Produktion ihrer Erzeugnisse. Für das Jahr 1 reichen allerdings noch ihre bisherigen Vorräte dieses Metalls aus. Die neu erworbenen 500 kg des Edelmetalls liegen deshalb am 31.12. des Jahres 1 (Bilanzstichtag) noch auf Lager. Sie haben nunmehr einen Marktwert von 1.500.000 €.

Der Gesellschafter-Geschäftsführer G der KG beabsichtigt, die 500 kg des Edelmetalls

a) in der Handelsbilanz der KG zum 31.12.1 mit 1.500.000 € und
b) in der Steuerbilanz zu demselben Stichtag mit 300.000 € zu bewerten.

Nehmen Sie bitte zu den von G beabsichtigten Bewertungen Stellung. Begründen Sie Ihre Ausführungen bitte anhand der gesetzlichen Vorschriften.

Aufgabe 8

Die Meyer & Müller KG (M-KG) hält am 31.12. des Jahres 2 in ihrem Betriebsvermögen Aktien der Nano-AG. Die Aktien sind Anfang des Jahres 1 für 2 Mio. € angeschafft worden. Am 31.12.1 ist auf die Aktien eine außerplanmäßige Abschreibung bzw. Teilwertabschreibung von 1 Mio. € vorgenommen worden. Diese ist rechtlich nicht zu beanstanden. Am 31.12.2 beträgt der Kurswert der Aktien insgesamt 3,5 Mio. €. Negative Informationen zu der Nano-AG sind der KG nicht bekannt.

Die M-KG hält in ihrem Betriebsvermögen außerdem Aktien der Wind-AG. Sie hat diese am 8.6. des Jahres 2 für 1,6 Mio. € angeschafft. Am 31.12.2 beträgt der Kurswert dieser Aktien 0,5 Mio. €, wobei Gerüchte kursieren, wonach die Wind-AG in strukturelle Schwierigkeiten geraten sei und mit einer längeren Krise gerechnet werden müsse. Aufgrund von Liquiditätsengpässen erscheint auch eine Insolvenz der AG nicht ausgeschlossen.

Zwischen dem 31.12.2 und dem Zeitpunkt der Bilanzerstellung erlangt die KG keine neuen Informationen über die Aktiengesellschaften. Die Kurse bewegen sich auf dem Niveau des Bilanzstichtages.

Ermitteln Sie bitte die Wertansätze für die Aktien der Nano-AG und der Wind-AG zum 31.12.2 für die Handels- und Steuerbilanz. Unterscheiden Sie hierbei zwischen dem Fall, dass die M-KG die Aktien im Anlagevermögen und dem, dass sie sie im Umlaufvermögen hält. Gehen Sie davon aus, dass die M-KG in ihrer Handelsbilanz einen möglichst hohen Jahresüberschuss, in ihrer Steuerbilanz hingegen einen möglichst niedrigen Steuerbilanzgewinn ausweisen will.

Begründen Sie Ihre Ausführungen bitte unter Angabe der gesetzlichen Bestimmungen. Anschaffungsnebenkosten sind zu vernachlässigen.

Aufgabe 9

Zu erstellen ist die Steuerbilanz der Kaiser & Krüger KG (KG) mit Sitz in Koblenz zum 31.12. des Jahres 2. Prüfen Sie bitte, wie die nachfolgenden Geschäftsvorfälle bzw. Wirtschaftsgüter zu bilanzieren und zu bewerten sind, wenn die KG

- einen möglichst geringen,
- einen möglichst hohen

Gewinnausweis anstrebt.

Begründen Sie Ihre Ausführungen anhand der einschlägigen Rechtsnormen und zitieren Sie diese.

a) Die Forschungsabteilung der KG hat ein neues Verfahren zur Herstellung von Ventilkörpern entwickelt und im Dezember des Jahres 2 beim Patentamt zum Patent angemeldet. Die Entwicklungskosten sind von den Kostenrechnern der KG mit 600 T€ ermittelt worden. Vorgelagert waren Forschungskosten von 300 T€. Das Verfahren soll der eigenen Produktion dienen, d.h. das Patent soll nicht veräußert werden.

b) Im Betriebsvermögen der KG befindet sich eine im Januar des Jahres 1 angeschaffte und bisher – zulässigerweise – geometrisch-degressiv mit 25 % p. a. abgeschriebene Spezialmaschine. Die Anschaffungskosten der Maschine haben 100 T€ betragen. Ihre betriebsgewöhnliche Nutzungsdauer wird auf 10 Jahre geschätzt. Eine andere vergleichbare Maschine besitzt die KG nicht.

c) In den Forderungen lt. Debitorenliste zum 31.12. des Jahres 2 ist eine kurzfristige Forderung an den Kunden Johnsen, Denver (USA), über 25.000 USD enthalten. Am Tag der Rechnungsstellung, dem 10.9.2, ist eine Einbuchung der Forderung entsprechend dem damaligen Wechselkurs von 1 USD = 0,80 € mit 20 T€ erfolgt. Am 31.12.2 beträgt der Wert eines USD lediglich 0,70 €. Dieser Wechselkurs hält bis zum Tag der Bilanzaufstellung an.

d) Am 27.9.2 hat die KG die Feuerversicherungsprämie für die Zeit vom 1.10.2 bis zum 30.9.3 gezahlt. Sie hat den Gesamtbetrag i. H. v. 24 T€ als Aufwand verbucht.

e) Eine Etage ihres Bürohauses hat die KG für monatlich 10 T€ an die Y-GmbH vermietet. Die jeweils am Monatsanfang im Voraus zu zahlende Miete für die Monate November und Dezember des Jahres 2 hat die Y-GmbH erst im Januar des Jahres 3 überwiesen. Die KG hat die Miete für diese Monate erst bei Geldeingang verbucht.

f) Infolge einer Festpreisvereinbarung in USD mit einem amerikanischen Abnehmer droht der KG am 31.12.2 ein Verlust in Höhe von rd. 6 Mio. €.

Aufgabe 10

a) Definieren bzw. erläutern Sie die Begriffe Wahlrechte und Ermessensspielräume im Zusammenhang mit der Bilanzierung und Bewertung im Jahresabschluss bzw. bei der steuerlichen Gewinnermittlung. Systematisieren Sie anschließend die Arten der Wahlrechte und Ermessensspielräume und nennen Sie einige wenige Beispiele.

b) Erläutern Sie bitte, wie Wahlrechte und Ermessensspielräume bei der Bilanzierung und Bewertung ausgeführt werden müssen, wenn die Geschäftsleitung eines Unternehmens

- einen möglichst niedrigen,
- einen möglichst hohen

Ausweis des Jahresüberschusses bzw. des steuerlichen Gewinns anstrebt.

Aufgabe 11

Die X-GmbH hat in den Jahren 1 und 2 in Emden ein Bürogebäude für 10 Mio. € errichtet und es am 2.1.3 für eigene gewerbliche Zwecke bezogen. In den Jahren 3 bis 7 sind im gesamten norddeutschen Raum die Preise für gebrauchte Immobilien erheblich gesunken. Dieser Preisrückgang ist aus Sicht des Geschäftsführers voraussichtlich von Dauer. Am 31.12.7 haben die fortgeschriebenen Herstellungskosten des Gebäudes 8,5 Mio. € (Abschreibungsprozentsatz 3 %), der Verkehrswert (Teilwert) hat 7 Mio. € betragen.

Im Jahr 8 steigen die Preise für gebrauchte Immobilien im gesamten norddeutschen Raum erheblich an. Der Verkehrswert des Bürogebäudes der X-GmbH am 31.12.8 beträgt 9 Mio. €.

Ermitteln Sie die Wertansätze des Gebäudes in der Handels- und in der Steuerbilanz der GmbH zum 31.12.7 und zum 31.12.8.

Aufgabe 12

Die Y-GmbH hat in den Jahren 1 und 2 in der A-Straße in D-Dorf für 10 Mio. € ein Gebäude mit einer Reihe von Einzelhandelsgeschäften errichtet. Die Fertigstellung ist Ende des Jahres 2 erfolgt. Entgegen der allgemeinen Preisentwicklung auf dem Immobilienmarkt sinkt der Wert des Gebäudes im Jahre 3 auf 8 Mio. €. Der Grund liegt darin, dass in diesem Jahr in der A-Straße mit dem Bau einer U-Bahn-Linie begonnen wird. Einer der Eingänge zu dieser U-Bahn soll unmittelbar vor dem Gebäude der Y-GmbH errichtet werden. Seit Beginn der Bauarbeiten herrscht auf der A-Straße Baulärm, der zu einem erheblichen Käuferrückgang in den der Y-GmbH gehörenden Geschäften geführt hat. Mit einer Beendigung der Bauarbeiten und der Inbetriebnahme der neuen U-Bahnlinie ist Ende des Jahres 9 zu rechnen. Aus einer ehemals guten wird die A-Straße dann vermutlich zu einer sehr guten Einkaufsstraße werden. Gesucht ist der Bilanzansatz des Gebäudes der Y-GmbH zum 31.12.3. Die fortgeschriebenen Herstellungskosten zu diesem Stichtag betragen 9,6 Mio. €.

Aufgabe 13

Der Gewerbetreibende Werner Müller (M) kauft am 1.10. des Jahres 1 ein bebautes Grundstück, das er anschließend zu eigenen gewerblichen Zwecken nutzt. Das Gebäude besteht aus Keller- und Erdgeschoss. Der Kaufpreis von insgesamt 920.000 € wird im Kaufvertrag wie folgt aufgeteilt:

	€
Grund und Boden	230.000
Gebäude	690.000

In dem Kaufpreis ist Grundsteuer, die vor dem 1.10. des Jahres 1 fällig war, von dem bisherigen Eigentümer aber noch nicht gezahlt wurde, von 3.600 € enthalten.

M bucht folgende Ausgaben als Aufwendungen:

	€
Grunderwerbsteuer (920.000 · 5 % =)	46.000
Notarkosten im Zusammenhang mit dem Erwerb des Grundstücks	9.200
Kosten der Grundbucheintragung	4.800
Maklergebühren	54.000
Grundsteuer	1.800

Die Grundsteuer von 1.800 € betrifft den Fälligkeitstermin 15.11.1.

Die Gebäude-AfA beträgt gem. § 7 Abs. 4 Nr. 1 EStG in der für das Jahr 1 geltenden Fassung jährlich 3 % der Anschaffungs- bzw. Herstellungskosten.

Nehmen Sie bitte zu dem geschilderten Sachverhalt Stellung und entwickeln Sie für einkommensteuerliche Zwecke das Gebäudekonto in Staffelform bis zum 31.12. des Jahres 2.

Aufgabe 14

Die X-KG erwirbt am 30.5. des Jahres 1 Aktien der Y-AG. Der Börsenwert bei Anschaffung beträgt 300 T€. Anschaffungsnebenkosten sollen aus Vereinfachungsgründen unberücksichtigt bleiben.

Die Kursentwicklung der Papiere zeigt folgendes Bild (Angaben in T€):

Jahr	Höchstkurs	Niedrigster Kurs	Kurs am 31.12.
1	312	280	305
2	305	130	150
3	330	140	330
4	360	280	290

Anfang des Jahres 2 kursieren Gerüchte, wonach die Y-AG größere Verluste erlitten habe und die Verwaltung eine schlechte Investitionspolitik betreibe. Es wird eine langanhaltende Krise des Unternehmens befürchtet. Gegen Ende des Jahres 3 werden einige Vorstandsmitglieder entlassen und der Börsenkurs erholt sich wieder. Im Jahre 5 steigt der Kurs – mit leichten Schwankungen – weiter an. Am Tag der Bilanzerstellung für das Jahr 4, den 30.3. des Jahres 5, beträgt er 327 €. Es sind alle zulässigen Bilanzansätze für die Fälle zu ermitteln, dass die Aktien

a) zum Anlagevermögen und

b) zum Umlaufvermögen gehören.

Hierbei ist jeweils sowohl auf den handels- als auch auf den steuerrechtlichen Bilanzansatz einzugehen.

Aufgabe 15

Es ist der Jahresabschluss der X-KG zum 31.12. des Jahres 4 zu erstellen. Es sind die nachfolgenden Geschäftsvorfälle bzw. Vermögensgegenstände zu bilanzieren und zu bewerten unter der Voraussetzung, dass die KG

(1) einen möglichst geringen,

(2) einen möglichst hohen

Gewinnausweis anstrebt. Gehen Sie davon aus, dass die KG in Handels- und Steuerbilanz jeweils die gleiche Zielrichtung des Gewinnausweises verfolgt.

Umsatzsteuer ist außer Betracht zu lassen. Bei abnutzbaren beweglichen Vermögensgegenständen ist nur die linear-gleichbleibende oder die geometrisch-degressive Abschreibung anzuwenden. Hierbei soll die degressive Abschreibung handelsbilanziell nicht mehr als das Dreifache der linearen und nicht mehr als 30 % der Anschaffungs- oder Herstellungskosten betragen. Abschreibungssätze, die außerhalb dieses Rahmens liegen, hält der Geschäftsführer der KG für nicht GoB-konform. Für das Jahr 4 entspricht dies auch der steuerrechtlichen Regelung gem. § 7 Abs. 2 EStG in der dann geltenden Fassung. Bei Gebäuden hält der Geschäftsführer handelsbilanziell nur solche Abschreibungen für GoB-konform, die zwischen 2 % und 3 % p. a. liegen. Steuerrechtlich sind Wirtschaftsgebäude nach der für das Jahr 4 geltenden Fassung des § 7 Abs. 4 Satz 1 Nr. 1 EStG mit 3 % p. a. abzuschreiben.

a) Die KG besitzt ein unbebautes Grundstück in Wiesbaden (Anschaffungskosten vor Jahrzehnten in Höhe von – umgerechnet – 75 T€), auf dem ursprünglich eine Lagerhalle errichtet werden sollte. Da die Baubehörde keine Genehmigung erteilte, wurde das Grundstück handels- und steuerrechtlich zulässig auf 30 T€ abgeschrieben. Es wird mit diesem Wert zum 31.12. des Jahres 3 sowohl in der Handels- als auch in der Steuerbilanz ausgewiesen. Aufgrund des im Jahre 4 geänderten städtischen Bebauungsplanes darf nunmehr die Halle gebaut werden. Der Verkehrswert des Grundstücks beträgt am 31.12.4 225 T€.

b) Die KG lässt auf dem o. a. Grundstück im Jahre 4 eine Lagerhalle errichten. Diese wird am 1.11.4 fertiggestellt und seither genutzt. Bis zum 31.12.4 zahlt die X-KG an die von ihr mit dem Bau beauftragte Baufirma insgesamt 840 T€ Abschlagzahlungen. Ende Dezember des Jahres 4 teilt die Baufirma der X-KG telefonisch mit, dass die Schlussabrechnung Anfang des Jahres 5 erfolgen werde und dass sich aus dieser eine Abschlusszahlung i. H. v. 60 T€ ergeben werde. Anfang des Jahres 5 übersendet die Baufirma die angekündigte Schlussabrechnung, aus der sich tatsächlich eine Restschuld von 60 T€ der X-KG ergibt.

c) Im Maschinenpark der KG befindet sich eine Anfang des Jahres 3 angeschaffte und bisher handels- und steuerbilanziell geometrisch-degressiv mit 30 % abgeschriebene Spezialmaschine (Anschaffungskosten 100 T€, betriebsgewöhnliche Nutzungsdauer 10 Jahre, Buchwert am 31.12.3 70 T€).

d) Am 1. Juli des Jahres 4 werden für den Sitzungssaal der KG 150 Stühle für 15.000 € (Stückpreis 100 €) gekauft. Die Nutzungsdauer beträgt 10 Jahre.

e) In der werkseigenen Forschungsabteilung wurde ein neues Verfahren zur Herstellung von Ventilkörpern entwickelt und im Juli des Jahres 4 beim Patentamt angemeldet. Die Entwicklungskosten wurden von den Kostenrechnern des Betriebes mit 600 T€ ermittelt. Die Nutzungsdauer des Patents beträgt 10 Jahre. Das Verfahren soll der eigenen Produktion dienen, d. h. das Patent soll nicht veräußert werden.

f) In den Forderungen lt. Debitorenliste vom 31.12.4 ist eine Forderung an einen amerikanischen Kunden über 50.000 $ enthalten. Am Tag der Rechnungsstellung (10. September 4) wurde die Forderung entsprechend dem Devisenkassamittelkurs an diesem Tag von 0,90 € mit 45.000 € eingebucht. Am 31.12.4 beträgt der Devisenkassamittelkurs 84 € für 100 $. Der amerikanische Kunde zahlt den Rechnungsbetrag vertragsgemäß am 3.1. des Jahres 5.

g) Am 27.9.4 hat die KG die Feuerversicherungsprämie für die Zeit vom 1.10.4 bis 30.9.5 bezahlt und den Gesamtbetrag von 12 T€ als Aufwand gebucht. Eine Etage ihres Bürogebäudes hat die KG für monatlich 10 T€ an die Y-GmbH weitervermietet. Die jeweils am Monatsanfang im Voraus zu bezahlende Miete für die Monate November und Dezember des Jahres 4 wird von der Y-GmbH erst im Januar des Jahres 5 überwiesen und ist bisher von der KG noch nicht gebucht worden.

h) Die Fertigungsmaschine B (Anschaffung Anfang des Jahres 1 zu 90 T€, betriebsgewöhnliche Nutzungsdauer 10 Jahre) wurde linear abgeschrieben. Ende des Jahres 3 erfolgte eine außerplanmäßige Abschreibung bzw. Teilwertabschreibung von 14 T€, die sich jedoch nachträglich im Jahre 4 als nicht notwendig erwiesen hat. Der Buchwert am 31.12.3 beträgt (90 - 3 · 9 - 14 =) 49 T€.

Aufgabe 16

Gunnar Glücklich (G) ist Gesellschafter und alleiniger Geschäftsführer der G-GmbH (GmbH) mit Sitz in Glückburg. Der vorläufige handelsrechtliche Jahresüberschuss, zugleich vorläufiger Steuerbilanzgewinn, der G-GmbH beläuft sich im Geschäftsjahr 8 (Wirtschaftsjahr = Kalenderjahr) auf 4.240.120 €. Dabei wurden die nachfolgend geschilderten Sachverhalte wie folgt berücksichtigt:

- Am 13.3.8 hat die GmbH 50 Wandkalender eines bekannten Künstlers zu einem Stückpreis von 60 € netto, d. h. ohne Umsatzsteuer, erworben. Diese wurden anschließend an die 50 besten Kunden der G-GmbH zu Werbezwecken verschenkt. In der Buchhaltung wurde dieser Vorfall wie folgt behandelt:

  „Sonstige betriebliche Aufwendungen 3.000 € an Bank 3.000 €.“

- Am 14.5.8 ist die GmbH von dem örtlich zuständigen Gericht wegen wiederholter Verstöße gegen Umweltauflagen zu einer Geldbuße von 250.000 € verurteilt worden. Der Buchhalter hat diesen Betrag als Aufwand verbucht und G hat ihn am 10.6.8 an das Gericht überwiesen.
- Für das Jahr 8 hat die GmbH 150.400 € Körperschaftsteuer- und 140.840 € Gewerbesteuervorauszahlungen entrichtet und als Aufwand verbucht. Solidaritätszuschlag wird im Jahre 8 aufgrund einer Gesetzesänderung nicht mehr – auch nicht mehr von Kapitalgesellschaften – erhoben.

Ermitteln Sie bitte

a) das zu versteuernde Einkommen und die Körperschaftsteuerschuld der GmbH,

b) den Gewerbeertrag und die Gewerbesteuerschuld der GmbH,

c) den handelsrechtlichen Jahresüberschuss der GmbH jeweils für das Jahr 8.

Gründe für Hinzurechnungen und Kürzungen nach den §§ 8 und 9 GewStG liegen nicht vor. Der Gewerbesteuer-Hebesatz beträgt 410 %.

Begründen Sie Ihre Ausführungen anhand der einschlägigen Gesetzesnormen und zitieren Sie diese.

Aufgabe 17

Alexandra Vater (V) veräußert zum 31.12.1 ihr Schmuckgeschäft an Christian Krieger (K). Der Kaufpreis beträgt 4.200.000 €. Er ist von K zum 1.1.2 durch Überweisung auf das Privatkonto der V zu entrichten. K erfüllt diese Verpflichtung fristgerecht. Er verwendet hierzu sein privates Bankguthaben. Die in der Bilanz der V zum 31.12.1 ausgewiesenen Verbindlichkeiten übernimmt K vereinbarungsgemäß nicht. Die Schlussbilanz der V zum 31.12.1 weist folgende Werte auf:

Aktiva	Bilanz des V zum 31.12.1		Passiva
	€		€
Grund und Boden	210.000	Eigenkapital	529.480
Gebäude	120.000	Verbindlichkeiten	480.520
Geschäftseinrichtung	80.000		
Fuhrpark	60.000		
Waren	480.000		
Sonstiges Umlaufvermögen	60.000		
	1.010.000		1.010.000

Die Verkehrswerte der in der Bilanz ausgewiesenen Posten schätzt K wie folgt:

	€
Grund und Boden	1.500.000
Gebäude	900.000
Geschäftseinrichtung	100.000
Fuhrpark	80.000
Waren	800.000
Sonstiges Umlaufvermögen	80.000

Erstellen Sie bitte die steuerliche und die handelsrechtliche Eröffnungsbilanz des K zum 1.1. des Jahres 1 und begründen Sie die einzelnen Bilanzansätze. Zitieren Sie dabei die einschlägigen Rechtsnormen. Gehen Sie davon aus, dass K - wenn möglich - eine Einheitsbilanz (Handelsbilanz = Steuerbilanz) erstellen will.

Aufgabe 18

Es handelt sich um den gleichen Sachverhalt wie in Aufgabe 17 mit folgenden Abweichungen:

- V veräußert den Betrieb nicht an K, sondern verschenkt ihn an ihren Sohn S.
- S übernimmt die Verbindlichkeiten der V.

Erstellen Sie bitte die Eröffnungsbilanz des S zum 1.1. des Jahres 2. Begründen Sie Ihre Ausführungen anhand der einschlägigen gesetzlichen Bestimmungen.

Gehen Sie bitte wiederum sowohl auf die Steuer- als auch auf die Handelsbilanz ein.

Aufgabe 19

Dara Drcek (D) ist diplomierte Architektin und lebt seit ihrer Geburt in Dresden. Dort betreibt sie unter ihrem Namen ein Architekturbüro. Im Jahr 5 erzielt sie folgende Einnahmen und Ausgaben (eine Buchhaltung erstellt D nicht):

Einnahmen:		€
Jan. – Dez.:	Honorareinnahmen netto	420.000
Jan. – Dez.:	den Auftraggebern in Rechnung gestellte Mehrwertsteuer (420.000 · 19 % =)	79.800
Januar:	Nettoerlös ihres ausschließlich beruflich genutzten Kombi-Kfz	10.000
Januar:	dem Käufer des Kombi in Rechnung gestellte und von diesem gezahlte Umsatzsteuer (10.000 · 19 % =)	1.900
April:	vom Finanzamt erstattete Umsatzsteuer für das Jahr 4	3.200
Dezember:	vom Finanzamt nach einem vor dem Finanzgericht gewonnenen Prozess erstattete Einkommensteuer für das Jahr 1	15.300

Einnahmen:		€
Dezember:	vom Finanzamt für das Jahr 1 erstatteter Solidaritätszuschlag (15.300 · 5,5 % =)	842

Ausgaben:		€
Jan. – Dez.:	Büromiete	33.000
Jan. – Dez.:	Gehälter und Gehaltsnebenkosten	240.930
Jan. – Dez.:	Büromaterial, Büroreinigung, Heizung, Licht inclusive Vorsteuern	10.800
Jan. – Dez.:	Renten-, Krankenkassen- und Pflegeversicherungsbeiträge für D	27.600
Januar:	Nettokaufpreis eines neuen ausschließlich beruflich genutzten Kfz	66.000
Januar:	von dem Verkäufer des Kfz (Autohändler) in Rechnung gestellte Umsatzsteuer (66.000 · 19 % =)	12.540
Okt. – Nov.:	Kosten der Renovierung der Büroräume netto	17.400
Okt. – Nov.:	von den an der Renovierung beteiligten Handwerkern in Rechnung gestellte Umsatzsteuer (17.400 · 19 % =)	3.306
Dezember:	Erwerb von drei von einem Kunststudenten gemalten Bildern zur Verschönerung der Büroräume (3 · 900 =)	2.700
Die AfA auf bereits früher angeschaffte Wirtschaftsgüter beträgt		17.100

Begründen Sie bitte, warum D zur Ermittlung ihres Gewinns aus dem Architekturbüro nach § 4 Abs. 3 EStG berechtigt ist und ermitteln Sie den Gewinn für das Jahr 5. Gehen Sie davon aus, dass in den voranstehend aufgeführten Einnahmen und Ausgaben alle Betriebseinnahmen und Betriebsausgaben der D erfasst sind.

Auf im Jahr 5 angeschaffte oder hergestellte Wirtschaftsgüter des beweglichen abnutzbaren Anlagevermögens ist keine AfA nach § 7 Abs. 2 EStG anwendbar.

Lösungen zu den Aufgaben von Teil II

Zu Aufgabe 1

a) Gewinn

Der Gewinn kann sowohl über die Gewinn- und Verlustrechnung als auch über einen bilanziellen Vergleich definiert werden. Bei einer Ermittlung des Gewinns über die Gewinn- und Verlustrechnung lautet die Gewinndefinition:

Gewinn = Erträge - Aufwendungen.

Bei einer Definition des Gewinns über Bilanzen kann auf die Legaldefinition des § 4 Abs. 1 Satz 1 EStG zurückgegriffen werden. Sie lautet:

Gewinn ist der Unterschiedsbetrag zwischen dem Betriebsvermögen am Schluss des Wirtschaftsjahres und dem Betriebsvermögen am Schluss des vorangegangenen Wirtschaftsjahres, vermehrt um den Wert der (Privat-)Entnahmen und vermindert um den Wert der (Privat-)Einlagen.

Aufgrund der Doppik der Buchhaltung muss der über die Gewinn- und Verlustrechnung ermittelte Gewinn mit dem über einen Vergleich der bilanziellen Vermögen (Bestandsvergleich, Betriebsvermögensvergleich) ermittelten übereinstimmen.

b) Bestandsvergleich

Ein Bestandsvergleich (Betriebsvermögensvergleich) dient der Ermittlung des Gewinns mit Hilfe eines Vergleichs des bilanziellen Betriebsvermögens am Schluss eines Wirtschaftsjahres mit dem am Schluss des vorangegangenen Wirtschaftsjahres. Zur Ermittlung des Gewinns wird die Bestandsdifferenz erhöht um den Wert der (Privat-)Entnahmen und vermindert um den Wert der (Privat-)Einlagen. Die Legaldefinition des Gewinns durch Bestandsvergleich befindet sich in § 4 Abs. 1 Satz 1 EStG.

c) Einnahmen-Überschussrechnung nach § 4 Abs. 3 EStG

In Fällen, in denen der steuerliche Gewinn nicht gesetzlich durch einen Bestandsvergleich ermittelt werden muss, kann ihn der Steuerpflichtige nach § 4 Abs. 3 EStG mit Hilfe einer Einnahmen-Überschussrechnung ermitteln. Nach § 4 Abs. 3 EStG ist der Gewinn definiert als Überschuss der Betriebseinnahmen über die Betriebsausgaben. Betriebseinnahmen (nicht gesetzlich definiert) sind die Einnahmen, die im Rahmen der betrieblichen Betätigung anfallen. Betriebsausgaben sind die Ausgaben, die durch den Betrieb veranlasst sind (§ 4 Abs. 4 EStG). Hinsichtlich der Bestimmung der Betriebseinnahmen bzw. Betriebsausgaben ist das in § 11 Abs. 1 Satz 1 und Abs. 2 Satz 1 EStG definierte Zu- und Abflussprinzip anzuwenden. Dieses wird in § 4

Abs. 3 EStG allerdings mehrfach ausdrücklich durchbrochen. So sind insbesondere die Vorschriften über die Absetzung für Abnutzung anzuwenden.

d) Jahresüberschuss, Steuerbilanzgewinn, steuerlicher Gewinn

Jahresüberschuss ist der nach den Vorschriften des HGB und der GoB ermittelte (Jahres-)Gewinn. Steuerbilanzgewinn ist der nach den steuerlichen Vorschriften zur Gewinnermittlung durch Bestandsvergleich ermittelte Gewinn.

Steuerlicher Gewinn ist der um außerbilanzielle Gewinnkorrekturen geänderte Steuerbilanzgewinn. Außerbilanzelle Gewinnkorrekturen ergeben sich insbesondere aus § 4 Abs. 5 EStG.

e) Taxonomie

Bei der Taxonomie handelt es sich um ein Datenschema. Im deutschen Steuerrecht spielt die vom BMF herausgegebene und jährlich überarbeitete Taxonomie des steuerlichen Jahresabschlusses eine große Rolle. Sie ist für die Steuerpflichtigen verbindlich.

f) Bilanztheorien

In der Betriebswirtschaftslehre sind mehrere unterschiedliche Bilanztheorien entwickelt worden. Sie enthalten Aussagen darüber, nach welchen Prinzipien (z. B. Vorsichtsprinzip) ein Jahresabschluss nach Ansicht des jeweiligen Autors erstellt werden sollte. Am bekanntesten sind im deutschen Sprachraum die statische und die dynamische Bilanztheorie. Das deutsche Steuerrecht folgt keiner der Bilanztheorien, ist aber weitgehend statisch geprägt.

g) Maßgeblichkeitsgrundsatz

Der Grundsatz der Maßgeblichkeit der Handelsbilanz für die Steuerbilanz (Maßgeblichkeitsgrundsatz, Maßgeblichkeitsprinzip) ist gesetzlich in § 5 Abs. 1 Satz 1 erster Halbsatz EStG verankert. Danach ist in der Steuerbilanz „... das Betriebsvermögen anzusetzen (§ 4 Abs. 1 Satz 1 EStG), das nach den handelsrechtlichen Grundsätzen ordnungsmäßiger Buchführung auszuweisen ist ...“. Dieser Grundsatz wird durch den zweiten Halbsatz des § 5 Abs. 1 Satz 1 EStG relativiert. Danach können in einem Steuergesetz ausdrücklich eingeräumte Wahlrechte auch dann ausgeübt werden, wenn dadurch eine Abweichung zwischen Handels- und Steuerbilanz entsteht. Eine Durchbrechung des Maßgeblichkeitsgrundsatzes kann sich auch aus dem Bewertungsvorbehalt des § 5 Abs. 6 EStG ergeben. Danach sind die steuerrechtlichen Vorschriften über die Bewertung einschließlich derjenigen über die Absetzung für Abnutzung oder Substanzverringerung auch dann zu befolgen, wenn sich hierdurch Abweichungen zur Handelsbilanz ergeben. Durch die genannten

Durchbrechungen des Maßgeblichkeitsgrundsatzes wird der Anwendungsbereich dieses Grundsatzes eingegrenzt.

h) Grundsätze ordnungsmäßiger Buchführung und Bilanzierung (GoB)

Die handelsrechtlichen Grundsätze ordnungsmäßiger Buchführung und Bilanzierung (GoB) sind nach § 5 Abs. 1 Satz 1 EStG (Maßgeblichkeitsgrundsatz) auch steuerrechtlich anzuwenden. Die GoB haben sich über Jahrhunderte herausgebildet, und zwar zunächst als nicht kodifizierte Regeln zur Buchführung und zur Erstellung von Jahresabschlüssen, die jeder ehrbare Kaufmann zu beachten hatte. Inzwischen sind die wichtigsten Grundsätze im HGB kodifiziert. Zu nennen ist in diesem Zusammenhang insbesondere § 252 HGB. Die GoB unterliegen im Zeitablauf einem fortwährenden Wandel.

i) Stichtags-, Vorsichts-, Realisations- und Imparitätsprinzip

Alle aufgeführten „Prinzipien" gehören zu den besonders wichtigen GoB, die der Gesetzgeber im HGB kodifiziert hat. Aus § 242 Abs. 1 HGB ergibt sich, dass der Kaufmann für den Schluss eines jeden Geschäftsjahres eine Bilanz aufzustellen hat. Bilanzstichtag ist also der Schluss eines Geschäftsjahres (Stichtagsprinzip). Nach § 252 Abs. 1 Nr. 4 HGB ist vorsichtig zu bewerten (Vorsichtsprinzip). Es sind alle vorhersehbaren Risiken und Verluste, die bis zum Abschlussstichtag entstanden sind, zu berücksichtigen. Gewinne (Erträge) sind hingegen nur dann zu berücksichtigen, wenn sie am Abschlussstichtag realisiert sind (Realisationsprinzip). Erwartete Verluste sind also zu berücksichtigen, erwartete Gewinne hingegen dürfen nicht berücksichtigt werden. Erwartete Gewinne und Verluste sind also imparitätisch zu bewerten (Imparitätsprinzip). Alle im HGB aufgeführten „Prinzipien" gelten über den Maßgeblichkeitsgrundsatz des § 5 Abs. 1 Satz 1 EStG auch für das Steuerrecht.

j) Wirtschaftsgut, Vermögensgegenstand

Wirtschaftsgut ist ein steuerrechtlicher, Vermögensgegenstand ein handelsrechtlicher Begriff. Beide Begriffe sind nicht gesetzlich definiert. Aus § 5 Abs. 1 Satz 1 EStG einerseits und § 240 Abs. 1 HGB kann gefolgert werden, dass der Begriffsinhalt des Vermögensgegenstandes mit dem des Wirtschaftsgutes identisch oder zumindest annähernd identisch ist. Im Schrifttum werden allgemein folgende Voraussetzungen für die Bilanzierungsfähigkeit eines Wirtschaftsgutes bzw. Vermögensgegenstandes gefordert:

1. Es muss ein wirtschaftlicher Vorteil (Nutzen) gegeben sein.
2. Zur Erlangung des Vorteils muss der Steuerpflichtige bzw. Kaufmann Geldleistungen oder Aufwendungen erbringen.
3. Der Vorteil muss zumindest mit dem Betrieb übertragbar sein.

Zu den Wirtschaftsgütern bzw. Vermögensgegenständen gehören also Sachen und Rechte und alle sonstigen Gegenstände, für die ein Steuerpflichtiger bzw. Kaufmann ein Entgelt ansetzen würde. Sie müssen dem Steuerpflichtigen (Kaufmann) einen Nutzen erbringen und selbständig bewertbar sein. Hierbei ist es ohne Bedeutung, ob der Gegenstand einzeln oder (wie ein Firmenwert) nur innerhalb einer Sachgesamtheit veräußerbar ist.

k) Anlagevermögen, Umlaufvermögen

Zum Anlagevermögen gehören nach der Legaldefinition des § 247 Abs. 2 HGB die Gegenstände, die dazu bestimmt sind, dauernd dem Geschäftsbetrieb zu dienen. Im Umkehrschluss gehören zum Umlaufvermögen die Gegenstände, bei denen dies nicht der Fall ist. Der Gesetzgeber stellt also auf den von dem Kaufmann vorgesehenen Verwendungszweck ab. Bei Handelsgesellschaften (OHG, KG, GmbH, AG) ist der Verwendungszweck derjenige, den der gesetzliche Vertreter der Gesellschaft (Geschäftsführer, Vorstand) für den Gegenstand vorsieht. Das Abstellen auf den Verwendungszweck hat zur Folge, dass z. B. Wertpapiere je nach Verwendungszweck dem Anlage- oder dem Umlaufvermögen zuzuordnen sind.

l) Rückstellungen, Rücklagen

Rückstellungen und Rücklagen gehören zu den bilanziellen Passivposten, und zwar sowohl in der Handels- als auch in der Steuerbilanz. Die Begriffe klingen ähnlich, die Begriffsinhalte sind aber unterschiedlich. Während Rücklagen Teil des bilanziellen Eigenkapitals darstellen, sind Rückstellungen dem Fremdkapital zuzurechnen. Nach deutschem Recht dürfen Rückstellungen nur für die in § 249 Abs. 1 HGB ausdrücklich genannten Zwecke gebildet werden. Die beiden wichtigsten Arten sind Rückstellungen für

- ungewisse Verbindlichkeiten und für
- drohende Verluste aus schwebenden Geschäften.

Während Rückstellungen für ungewisse Verbindlichkeiten nach dem Maßgeblichkeitsgrundsatz (§ 5 Abs. 1 Satz 1 EStG) aus der Handels- in die Steuerbilanz zu übernehmen sind, dürfen Rückstellungen für drohende Verluste aus schwebenden Geschäften nach § 5 Abs. 4a EStG steuerlich nicht gebildet werden.

Rücklagen entstehen entweder aus Einlagen der Gesellschafter einer Handelsgesellschaft oder aus nicht ausgeschütteten Gewinnen der Gesellschaft. Kapitalgesellschaften haben folgerichtig nach § 266 Abs. 3 HGB zwischen Kapitalrücklagen und Gewinnrücklagen zu unterscheiden.

m) Betriebsvermögen, Privatvermögen

Betriebsvermögen ist das Vermögen, das betrieblichen Zwecken, Privatvermögen ist das Vermögen, das privaten Zwecken dient. Private Zwecke können von natürlichen Personen, nicht hingegen von juristischen Personen, wie den Kapitalgesellschaften, verfolgt werden. Die Unterscheidung zwischen Betriebs- und Privatvermögen gibt somit in erster Linie bei Einzelunternehmen, darüber hinaus auch bei den Gesellschaftern einer Personengesellschaft Sinn. Privatvermögen, das von derartigen Gesellschaftern „ihrer" Gesellschaft zur Verfügung gestellt wird, ist steuerlich als Sonderbetriebsvermögen des jeweiligen Gesellschafters zu betrachten. Neben dem Betriebsvermögen und dem Privatvermögen gibt es Vermögen, das durch eine Willenserklärung des Unternehmens entweder dem Betriebs- oder dem Privatvermögen zugeordnet wird. Das entsprechende Vermögen wird als gewillkürtes Betriebs- bzw. als gewillkürtes Privatvermögen bezeichnet. Besonders häufig kommt eine derartige Zuordnung zum Betriebs- oder zum Privatvermögen bei Wertpapieren vor.

n) Anschaffungskosten, Herstellungskosten, Herstellkosten

Anschaffungs- und Herstellungskosten sind handels- und steuerrechtliche Begriffe; der Begriff der Herstellkosten hingegen stammt aus der Kostenrechnung. Anschaffungskosten sind nach § 255 Abs. 1 Satz 1 HGB „... die Aufwendungen, die geleistet werden, um einen Vermögensgegenstand zu erwerben und ihn in einen betriebsbereiten Zustand zu versetzen ...". Herstellungskosten sind nach § 255 Abs. 2 Satz 1 HGB „... die Aufwendungen, die durch den Verbrauch von Gütern ... für die Herstellung eines Vermögensgegenstands ... entstehen". Anschaffungskosten setzen also einen Anschaffungs-, Herstellungskosten einen Herstellungsvorgang voraus. Die Legaldefinitionen der Anschaffungs- und Herstellungskosten in § 255 HGB gelten über den Maßgeblichkeitsgrundsatz des § 5 Abs. 1 Satz 1 HGB auch für das Steuerrecht. Herstellkosten ist ein den Herstellungskosten entsprechender Begriff der Kostenrechnung. Allerdings findet bei Ermittlung der Herstellkosten nicht das Nominalwertprinzip des Handels- bzw. Steuerrechts Anwendung, vielmehr werden die Verkehrswerte zum Zeitpunkt der Erstellung der Kostenrechnung berücksichtigt. Dies hat insbesondere zur Folge, dass in die Herstellkosten einzubeziehende Abschreibungen nicht auf der Grundlage der historischen Anschaffungs- oder Herstellungskosten, sondern auf der der Zeitwerte des abzuschreibenden Gegenstands bemessen werden.

o) Teilwert, gemeiner Wert

Der Teilwert ist neben den Anschaffungs- und Herstellungskosten ein zentraler Wertbegriff im Rahmen der Normen zur steuerlichen Gewinnermittlung. Er ist im deutschen Steuerrecht zweimal inhaltsgleich definiert, und zwar in den §§ 10 BewG und 6 Abs. 1 Nr. 1 Satz 3 EStG. Die Definition in der zuletzt genannten Norm lautet:

„Teilwert ist der Betrag, den ein Erwerber des ganzen Betriebs im Rahmen des Gesamtkaufpreises für das einzelne Wirtschaftsgut ansetzen würde; dabei ist davon auszugehen, dass der Erwerber den Betrieb fortführt.“

Der Teilwert beruht also auf folgenden Fiktionen:

- Ein fiktiver Erwerber kauft den ganzen Betrieb;
- es wird ein fiktiver Gesamtkaufpreis unter der Prämisse ermittelt, dass der Erwerber den Betrieb fortführt;
- aus dem Gesamtkaufpreis lässt sich ein „Teilwert“ für das einzelne Wirtschaftsgut ableiten.

Der gemeine Wert (allgemeine Wert) ist in § 9 BewG definiert. Er kommt nur dann zur Anwendung, wenn keine Spezialnorm einen anderen Wert (z. B. die Anschaffungs- oder Herstellungskosten oder den Teilwert) vorschreibt. Nach § 9 Abs. 2 BewG wird der gemeine Wert durch den Preis bestimmt, der im gewöhnlichen Geschäftsverkehr nach der Beschaffenheit des Wirtschaftsguts bei einer Veräußerung am Bewertungsstichtag zu erzielen wäre. Grundlage des gemeinen Werts ist mithin ein fiktiver Einzelveräußerungspreis. Im Gegensatz zum Teilwert kommt der gemeine Wert im Rahmen der steuerlichen Gewinnermittlung nur sehr selten zur Anwendung.

p) Absetzung für Abnutzung

Bei der Bewertung des abnutzbaren Anlagevermögens sind gem. § 6 Abs. 1 Nr. 1 EStG Absetzungen für Abnutzung (AfA) nach § 7 EStG zu berücksichtigen. Mit dem Betriff der Absetzungen für Abnutzung umschreibt das Einkommensteuergesetz die planmäßigen steuerlichen Abschreibungen. Die Bemessung dieser Abschreibungen richtet sich damit bei der steuerlichen Gewinnermittlung nicht primär nach Handels-, sondern nach Steuerrecht. § 7 Absätze 1 bis 3 EStG regelt die AfA von Wirtschaftsgütern des beweglichen Anlagevermögens, § 7 Absätze 4 und 5 EStG diejenige von Gebäuden.

q) Zu- und Abflussprinzip

Die Ermittlung der einkommensteuerlichen Bemessungsgrundlagen wird vom Zu- und Abflussprinzip des § 11 EStG beherrscht. Es besagt:

1. Einnahmen sind einkommensteuerlich in dem Kalenderjahr zu erfassen, in dem sie dem Steuerpflichtigen zufließen.
2. Ausgaben sind in dem Kalenderjahr abzugsfähig, in dem sie geleistet werden, also abfließen.

Für den Zeitpunkt der steuerlichen Berücksichtigung von Einnahmen und Ausgaben kommt es also auf den tatsächlichen Zu- und Abfluss an. Damit entsprechen die steuerrechtlichen Begriffe der Einnahmen und Ausgaben grundsätzlich den betriebswirtschaftlichen Begriffen der Ein- und Auszahlungen. Das Zu- und Abflussprinzip gilt nicht uneingeschränkt. Die wichtigste Ausnahme ergibt sich aus dem jeweils letzten Satz in § 11 Abs. 1 bzw. Abs. 2 EStG. Danach bleiben die Vorschriften über die Gewinnermittlung (§ 4 Abs. 1 und § 5 EStG) unberührt, d. h. sie haben Vorrang. Dies bedeutet: Bei den Gewinneinkunftsarten spielt das Zu- und Abflussprinzip dann keine Rolle, wenn der Gewinn nicht durch eine einfache Einnahmen-Überschussrechnung nach § 4 Abs. 3 EStG, sondern nach § 4 Abs. 1 oder § 5 EStG durch einen Bestandsvergleich (Betriebsvermögensvergleich) bzw. eine Gegenüberstellung von Erträgen und Aufwendungen – und damit anhand von periodisierten Größen – ermittelt wird.

r) Stille Reserven

Der Begriff der stillen Reserven ist ein Begriff des Bilanzrechts (Handels- und Steuerbilanzen). Stille Reserven sind die Differenz zwischen dem Verkehrswert (Handelsbilanz) bzw. dem Teilwert (Steuerbilanz) einerseits und dem niedrigeren Buchwert eines Vermögensgegenstandes bzw. Wirtschaftsgutes andererseits. Buchwert ist der Wert, mit dem ein Vermögensgegenstand bzw. Wirtschaftsgut in der Buchhaltung bewertet ist.

s) Entstrickung und Verstrickung stiller Reserven

Unter einer Entstrickung wird im deutschen Steuerrecht ein Vorgang verstanden, durch den stille Reserven der deutschen Besteuerung entzogen werden. Entsprechend ist unter einer Verstrickung ein Vorgang zu verstehen, durch den stille Reserven in den Bereich der deutschen Steuerhoheit gelangen. Eine Entstrickung kann durch eine Entnahme eines Wirtschaftsguts aus dem Betriebs- in das Privatvermögen, sie kann aber auch durch eine Verlagerung eines Wirtschaftsguts aus dem Inland in das Ausland, z. B. aus einer inländischen Kapitalgesellschaft in eine ausländische Betriebsstätte dieser Gesellschaft erfolgen. Um eine ungewollte Steuerfreiheit der Entstrickung zu verhindern, hat der deutsche Gesetzgeber spezielle Rechtsnormen geschaffen. Im Falle einer Entnahme ist dies § 6 Abs. 1 Nr. 4 EStG. Nach dieser Rechtsnorm hat der Steuerpflichtige die Entnahme mit ihrem Teilwert zu bewerten, d. h. der Steuerpflichtige hat die in dem entnommenen Wirtschaftsgut ruhenden stillen Reserven aufzudecken und zu versteuern. Für den Fall der Verlagerung stiller Reserven aus dem Inland in das Ausland hat der Gesetzgeber mit den §§ 4 Abs. 1 Satz 3 EStG und 12 KStG zwei Spezialvorschriften geschaffen, die eine Versteuerung der entstandenen stillen Reserven sicherstellen sollen.

t) Sonderbetriebsvermögen, Sonderbilanzen

In der Handelsbilanz einer Personengesellschaft darf nur das Gesamthandsvermögen der Gesellschaft, das Gesellschaftsvermögen, ausgewiesen werden. Vermögensgegenstände, die einzelne Gesellschafter der Gesellschaft aufgrund eines Schuldvertrages (z. B. Miet- oder Darlehnsvertrag) zur Verfügung stellen, sind handelsrechtlich nicht aktivierungsfähig. Steuerrechtlich kann es sich bei diesem Vermögen um notwendiges oder gewillkürtes Betriebsvermögen des Gesellschafters handeln. Derartiges, der Gesellschaft von einem Gesellschafter zur Verfügung gestelltes Vermögen wird als Sonderbetriebsvermögen des Gesellschafters bezeichnet. Es wird auch steuerlich nicht in der Bilanz der Gesellschaft, vielmehr in einer gesonderten Bilanz des jeweiligen Gesellschafters erfasst. Eine derartige Bilanz wird als „Sonderbilanz des Gesellschafters" oder kurz „Sonderbilanz" bezeichnet. Aufwendungen und Erträge, die mit dem Sonderbetriebsvermögen im Zusammenhang stehen, werden in einer Sonder-Gewinn- und Verlustrechnung erfasst. Rechtsgrundlage der steuerlichen Behandlung ist § 15 Abs. 1 Satz 1 Nr. 2 EStG.

u) Ergänzungsbilanz

Erfolgt die Veräußerung des Mitunternehmeranteils zu einem höheren Wert als dem Kapitalkonto des Veräußerers, so werden in dem Mitunternehmeranteil steckende stille Reserven aufgedeckt. Dies führt bei dem Veräußerer zur Entstehung eines steuerpflichtigen Veräußerungsgewinns. Der Erwerber des Anteils hat steuerlich die aufgedeckten stillen Reserven zu aktivieren; er kann also nicht den über das Kapitalkonto des Veräußerers hinausgehenden Kaufpreis als sofort abzugsfähige Betriebsausgabe geltend machen. In der Regel werden die übrigen Gesellschafter nicht damit einverstanden sein, dass die zusätzliche Aktivierung in der Bilanz der Gesellschaft erfolgt. Sie werden vielmehr darauf bestehen, dass dort die bisherigen Buchwerte unverändert fortgeführt werden. Die Aktivierung der aufgedeckten stillen Reserven erfolgt dann zweckmäßigerweise in einer Ergänzungsbilanz des neuen Gesellschafters zur Bilanz der Gesellschaft.

v) Bilanzberichtigung, Bilanzänderung

Eine Bilanzberichtigung beinhaltet die Korrektur einer fehlerhaften Bilanz. Eine Bilanzänderung bedeutet den Ersatz eines zulässigen Bilanzansatzes durch einen anderen zulässigen Bilanzansatz. Nach § 4 Abs. 2 EStG kann eine Bilanzänderung nur zur Kompensation der Gewinnauswirkungen einer Bilanzberichtigung vorgenommen werden.

w) Betriebliche Veräußerungsrente

Betriebliche Veräußerungsrenten sind Renten, die zwischen dem Veräußerer und dem Erwerber von Betriebsvermögen vereinbart werden. Der Kaufpreis wird in derartigen Fällen nicht in einer Summe gezahlt, sondern verrentet. Voraussetzung für das Vorliegen einer betrieblichen Veräußerungsrente ist, dass die Leistung des Käufers (Barwert der Rente) und die Gegenleistung des Verkäufers (Wert des übertragenen Betriebs oder der übertragenen betrieblichen Wirtschaftsgüter) einander entsprechen. Leistung und Gegenleistung müssen also nach kaufmännischen Gesichtspunkten ermittelt worden sein. Das wird bei Veräußerungen zwischen Fremden in aller Regel unterstellt. Etwas anderes gilt bei Veräußerungen zwischen nahen Angehörigen. Hier wird eine betriebliche Veräußerungsrente vom Finanzamt nur in Ausnahmefällen anerkannt, und zwar dann, wenn die Vertragspartner nachweisen oder glaubhaft machen können, dass sie nach kaufmännischen Gesichtspunkten gehandelt haben und einander nichts schenken wollten. Gelingt dieser Nachweis nicht, so wird das Finanzamt regelmäßig nicht von einer betrieblichen Veräußerungs-, sondern von einer betrieblichen Versorgungsrente ausgehen.

Zu Aufgabe 2

Aussage	**richtig**	**falsch**
• Die GoB beruhen auf der dynamischen Bilanztheorie.		X
• Für die Bilanzansätze in der Handelsbilanz sind die steuerlichen Bilanzansätze maßgeblich.		X
• Die Bewertung in der Steuerbilanz richtet sich vorrangig nach Handelsrecht.		X
• Der Wertansatz in der Eröffnungsbilanz eines Jahres muss mit dem in der Schlussbilanz des Vorjahres übereinstimmen.	X	
• In der Steuerbilanz muss ausnahmslos stetig bewertet werden.		X
• Von dem Maßgeblichkeitsgrundsatz gibt es Ausnahmen.	X	
• Nur realisierte Gewinne dürfen steuerrechtlich ausgewiesen werden.	X	
• Ein Steuerpflichtiger kann den Bilanzstichtag nur im Einvernehmen mit dem Finanzamt ändern.	X	
• Die Begriffe Vermögensgegenstand und Wirtschaftsgut sind weitgehend identisch.	X	
• Alle Wirtschaftsgüter sind zu aktivieren.		X
• Ein Disagio muss steuerrechtlich aktiviert werden.	X	

Aussage	richtig	falsch
• Ein selbstentwickeltes Patent muss handelsrechtlich aktiviert werden.		X
• Ein selbstentwickeltes Patent darf handelsrechtlich nicht aktiviert werden.		X
• Ein selbstentwickeltes Patent darf steuerrechtlich nicht aktiviert werden.	X	
• Zum Anlagevermögen gehört das Vermögen, das dem Betrieb dauernd zu dienen bestimmt ist.	X	
• Die Begriffe Umlaufvermögen und bewegliches Vermögen sind identisch.		X
• Unbebaute Grundstücke gehören stets zum Anlagevermögen.		X
• Bebaute Grundstücke können auch zum Umlaufvermögen gehören.	X	
• Rückstellungen für drohende Verluste aus schwebenden Geschäften müssen sowohl in der Handels- als auch in der Steuerbilanz gebildet werden.		X
• Rückstellungen für ungewisse Verbindlichkeiten müssen sowohl in der Handels- als auch in der Steuerbilanz gebildet werden.	X	
• Wertpapiere können sowohl zum Anlage- als auch zum Umlaufvermögen gehören.	X	
• Die Begriffe andere Rücklagen und steuerfreie Rücklagen stimmen nicht überein.	X	
• Privatvermögen können natürliche Personen, nicht hingegen Kapitalgesellschaften besitzen.	X	
• Ein zivilrechtlicher Eigentümer ist zugleich stets wirtschaftlicher Eigentümer.		X
• In die Anschaffungskosten dürfen keine Gemeinkosten einbezogen werden.	X	

Aussage	richtig	falsch
• In die handelsbilanziellen Herstellungskosten sind die allgemeinen Verwaltungskosten einzubeziehen.		X
• Kosten für Werbemaßnahmen dürfen nicht in die Herstellungskosten einbezogen werden.	X	
• Herstellkosten und Herstellungskosten sind identische Begriffe.		X
• Eine voraussichtlich dauernde Wertminderung eines Wirtschaftsgutes muss stets durch eine Teilwertabschreibung berücksichtigt werden.		X
• Über die Anschaffungskosten hinaus darf steuerrechtlich nicht zugeschreiben werden.	X	
• Ist der Teilwert eines Wirtschaftsgutes höher als dessen Herstellungskosten, so muss stets eine Zuschreibung erfolgen.		X
• Ist der Teilwert eines nichtabnutzbaren Wirtschaftsgutes höher als der letzte Bilanzansatz, aber niedriger als seine Anschaffungskosten, so muss eine Zuschreibung auf den Teilwert erfolgen.	X	
• Steuerrechtliche Sonderabschreibungen müssen in die Handelsbilanz übernommen werden.		X
• Die handelsrechtliche Abschreibung auf Gebäude kann steuerrechtlich stets übernommen werden.		X
• Es gibt Fälle, in denen die handelsrechtliche Abschreibung steuerrechtlich übernommen werden kann.	X	
• Geringwertige Wirtschaftsgüter müssen im Jahr ihrer Anschaffung stets voll abgeschrieben werden.		X
• Rückstellungen müssen in Handels- und Steuerbilanz stets gleich bewertet werden.		X
• Entnahmen sind mit dem gemeinen Wert zu bewerten.		X
• Entnahmen sind mit dem Teilwert zu bewerten.	X	

Aussage	richtig	falsch
• Eine Entstrickung beinhaltet die Aufdeckung stiller Reserven.	X	
• Eine Ergänzungsbilanz kann bei der Veräußerung eines Mitunternehmeranteils entstehen.	X	
• Eine Sonderbilanz enthält dem Betrieb einer Mitunternehmerschaft von einem Mitunternehmer zur Verfügung gestellte Wirtschaftsgüter.	X	
• Bei der unentgeltlichen Übertragung eines Betriebs im Rahmen der vorweggenommenen Erbfolge sind die bisherigen Buchwerte in die Eröffnungsbilanz des Erwerbers zu übernehmen.	X	
• Eine betriebliche Veräußerungsrente ist nicht in der Bilanz des Betriebserwerbers anzusetzen.		X
• Pensionsrückstellungen sind in der Steuerbilanz mit ihrem nach dem Handelsrecht ermittelten Wert zu bewerten.		X
• Bei einem entgeltlichen Betriebserwerb hat der Erwerber die erworbenen Wirtschaftsgüter mit ihren Teilwerten, höchstens jedoch mit ihren Anschaffungs- oder Herstellungskosten anzusetzen.	X	

Zu Aufgabe 3

a) Brandschäden

Bilanziell ist es von Bedeutung, ob die Vernichtung der Lagerhalle und der Vorräte noch im Jahre 1 oder aber erst im Jahre 2 erfolgt. Nachfolgend werden deshalb die Fälle a1) und a2) getrennt behandelt.

a1) Vernichtung der Gegenstände vor Mitternacht

Werden Lagerhalle und Textilien vor Mitternacht vernichtet, so muss die GmbH sowohl die Lagerhalle als auch die Textilien noch im Rechenwerk des Jahres 1 aufwandswirksam ausbuchen. Die Lagerhalle ist ein Unterkonto des Bilanzpostens „Gebäude", Textilien gehören zu den Waren. Werden die Bezeichnungen dieser Bilanzposten verwendet, so lautet die noch im Rechenwerk des Jahres 1 erforderliche Buchung:

(1) Außerplanmäßige Abschreibungen	3.271.000 €	an	Gebäude	1.520.600 €
		an	Waren	1.750.400 €.

Steuerrechtlich handelt es sich bei den außerplanmäßigen Abschreibungen um Teilwertabschreibungen. Diese müssen (auch) steuerrechtlich vorgenommen werden, da die Wirtschaftsgüter am Bilanzstichtag vernichtet sind. An der Notwendigkeit der Vornahme einer außerplanmäßigen Abschreibung bzw. einer Teilwertabschreibung ändert auch der Umstand nichts, dass der Geschäftsführer von der Vernichtung der Gegenstände erst im neuen Jahr erfährt. Die Kenntnisnahme des Geschäftsführers ist kein wertbegründendes, sondern ein werterhellendes Ereignis. Ein solches Ereignis ist nach § 252 Abs. 1 Nr. 4 HGB zu berücksichtigen. Voraussetzung ist, dass das werterhellende Ereignis vor Bilanzerstellung bekannt wird. Dies ist hier der Fall, da der Jahresabschluss erst vier Monate nach Kenntnisnahme des Geschäftsführers von der Vernichtung der Lagerhalle und der Waren erstellt wird.

Für die Kosten der Trümmerbeseitigung muss die GmbH in ihrer Bilanz zum 31.12.1 nach § 249 Abs. 1 Satz 2 Nr. 1 HGB eine Rückstellung bilden. Da bei Bilanzerstellung die Höhe dieser Kosten mit 20.820 € bereits feststeht, muss die GmbH die Rückstellung in ihrer Handelsbilanz mit diesem Betrag bewerten. Nach dem Maßgeblichkeitsgrundsatz des § 5 Abs. 1 Satz 1 EStG muss sie die Rückstellung mit dem genannten Betrag auch in ihre Steuerbilanz übernehmen.

Zum Zeitpunkt der Feststellung des Jahresabschlusses und damit zum Zeitpunkt der Erstellung der Bilanz zum 31.12.1 ist unklar, ob die GmbH gegenüber der Feuerversicherung einen Versicherungsanspruch wird durchsetzen können. Sie darf deshalb nach dem Realisationsprinzip des § 252 Abs. 1 Nr. 4 HGB in ihrer Handelsbilanz zum 31.12.1 keinen Anspruch gegenüber der Versicherung aktivieren und entsprechend keinen Ertrag aus dem Versicherungsverhältnis ausweisen. Dies hat erst zum nächsten Bilanzstichtag, dem 31.12.2, zu geschehen. Zu diesem Stichtag hat die GmbH eine sonstige Forderung i. H. v. 2.100.000 € und einen sonstigen betrieblichen Ertrag in gleicher Höhe auszuweisen. Über den Maßgeblichkeitsgrundsatz des § 5 Abs. 1 Satz 1 EStG hat die GmbH die handelsbilanzielle Behandlung des Schadenersatzanspruchs steuerlich zu übernehmen.

a2) Vernichtung der Gegenstände nach Mitternacht

Werden Lagerhalle und Waren erst nach Mitternacht vernichtet, so sind sie zum Bilanzstichtag (31.12. 24 h) des Jahres 1 noch im Betriebsvermögen enthalten. Sie sind deshalb nach dem Stichtagsprinzip des § 252 Abs. 1 Nr. 3 HGB in der Schlussbilanz zum 31.12.1 noch zu bilanzieren und nach den allgemeinen Vorschriften zu bewerten. Entsprechend ist in der Gewinn- und Verlustrechnung für das Jahr 1 noch keine außerplanmäßige Abschreibung auf diese Vermögensgegenstände vorzunehmen. Dies gilt über den Maßgeblichkeitsgrundsatz des § 5 Abs. 1 Satz 1 EStG auch für den steuerlichen Jahresabschluss. Im Jahresabschluss für das Jahr 1 ist folgerichtig auch keine Rückstellung für Aufwendungen zur Trümmerbeseitigung zu bilden, und es ist selbstverständlich auch kein Schadenersatzanspruch gegenüber der Feuerversicherung zu erfassen.

Anfang Januar des Jahres 2 hat die GmbH mit Hilfe einer außerplanmäßigen Abschreibung bzw. einer Teilwertabschreibung sowohl die Lagerhalle als auch die Waren auszubuchen. Damit sind diese Gegenstände in der Bilanz zum 31.12.2 nicht mehr enthalten.

Die Kosten der Trümmerbeseitigung sind nach den allgemeinen Buchhaltungsvorschriften im Jahre 2 als Aufwand zu verbuchen. Hierdurch werden im Jahre 2 sowohl der handelsrechtliche Jahresüberschuss als auch der Steuerbilanzgewinn gemindert. Erhöht werden beide durch die notwendige Einbuchung einer sonstigen Forderung gegenüber der Feuerversicherung und korrespondierend hierzu eines sonstigen betrieblichen Ertrages am 22.12.2.

b) Schwebendes Geschäft

Zum Bilanzstichtag 31.12.1 besteht zwischen dem deutschen Importeur I und dem Schweizer Vertragspartner ein schwebendes Geschäft. Da aus diesem zum Bilanzstichtag ein Verlust droht, muss I in seiner Handelsbilanz zu diesem Stichtag nach § 249 Abs. 1 HGB eine Rückstellung für drohende Verluste aus schwebenden Geschäften bilden. Diese hat er nach § 253 Abs. 1 Satz 2 HGB in Höhe des nach vernünftiger kaufmännischer Beurteilung notwendigen Erfüllungsbetrages anzusetzen. Dies sind die im Sachverhalt genannten 10.000 €. Steuerlich darf die genannte Rückstellung nach § 5 Abs. 4a EStG nicht gebildet werden. Insoweit weichen Handels- und Steuerbilanz zwingend voneinander ab.

c) Gebäude auf fremden Grund und Boden

Zivilrechtlicher Eigentümer des Gebäudes ist nach § 94 Abs. 1 BGB der Eigentümer des Grundstücks, d. h. der Verpächter des Grund und Bodens. Wirtschaftlicher Eigentümer ist hingegen der Filialist. Er – und nicht der zivilrechtliche Eigentümer – hat das Gebäude in seiner Bilanz zu erfassen. Das gilt nach § 246 Abs. 1 Satz 2 HGB für die Handels- und nach § 39 Abs. 2 Nr. 1 AO für die Steuerbilanz. Zu bewerten ist es nach § 253 Abs. 1 Satz 1 HGB bzw. § 6 Abs. 1 Nr. 1 EStG mit seinen Herstellungskosten von 10.820.710 €.

Zu Aufgabe 4

Zu den Anschaffungskosten der Spezialmaschine gehören nach § 255 Abs. 1 HGB die Aufwendungen, die geleistet werden, um einen Vermögensgegenstand zu erwerben und ihn in einen betriebsbereiten Zustand zu versetzen. Neben dem Kaufpreis gehören dazu auch die Nebenkosten, die wirtschaftlich unmittelbar mit dem Erwerbsvorgang zusammenhängen. Anschaffungspreisminderungen sind abzusetzen. Ebenfalls nicht zu den Anschaffungskosten gehört die Umsatzsteuer. Die Anschaffungskosten der Spezialmaschine lassen sich somit wie folgt ermitteln:

Rechnungspreis	420.000 €
- 3 % Skonto	- 12.600 €

	407.400 €
+ Spediteur	+ 9.400 €
+ Aufbau	+ 3.200 €
Anschaffungskosten	420.000 € (nach Handels- und Steuerrecht)

Der Bilanzansatz der Spezialmaschine in der Handelsbilanz zum 31.12.1 lässt sich, unter der Voraussetzung, dass die Y-GmbH im Jahre 1 einen möglichst hohen Gewinnausweis wünscht, wie folgt ermitteln:

Anschaffungskosten	420.000 €
- lineare Abschreibung (für 5 Monate)	- 17.500 €
Bilanzansatz zum 31.12.1	402.500 €

Da die Y-GmbH einen möglichst hohen Gewinnausweis in der Handelsbilanz wünscht, muss sie eine möglichst geringe Abschreibung in Anspruch nehmen. Die geringstmögliche Abschreibung ergibt sich bei einer angegebenen Nutzungsdauer von 10 Jahren durch die lineare Abschreibungsmethode. Da die Y-GmbH die Maschine am 1.8.1 in Betrieb genommen hat, muss sie für das Jahr 1 eine Abschreibung für 5 Monate vornehmen. Die Abschreibung beträgt demnach 5/12 der jährlichen Abschreibung von 42.000 €.

Der Bilanzansatz der Spezialmaschine in der Steuerbilanz zum 31.12.1 entspricht demjenigen in der Handelsbilanz. Für Wirtschaftsgüter des abnutzbaren Anlagevermögens, zu denen die Spezialmaschine gehört, ergibt sich nach § 7 Abs. 1 Sätze 1 und 4 EStG eine lineare AfA von 17.500 € und damit in gleicher Höhe wie die handelsrechtliche Abschreibung. Trotz unterschiedlicher Zielsetzung sind die Wertansätze in Handels- und Steuerbilanz also gleich.

Zu Aufgabe 5

a) Wertuntergrenze nach § 255 HGB

Die Wertuntergrenze nach § 255 Abs. 2 HGB ergibt sich aus den Materialkosten, den Fertigungskosten und den Sondereinzelkosten der Fertigung. Sondereinzelkosten der Fertigung sind aus der Aufgabenstellung nicht erkennbar. Einzubeziehen sind deshalb hier lediglich die Material- und die Fertigungskosten.

Die Wertuntergrenze nach Handelsrecht ergibt sich demnach wie folgt:

	Mio. €	Mio. €
Rohstoffe	40,0	
Hilfs- und Betriebsstoffe	2,0	
Lagerhaltung, Materialtransport usw.	2,0	
Materialkosten insgesamt	44,0	44,0
Fertigungslöhne	32,0	
Hilfslöhne	1,0	
Gehälter des Fertigungsbereichs	15,0	

auf die Löhne und Gehälter des Fertigungsbereichs entfallende Arbeitgeberanteile zur Sozialversicherung (6,4 + 0,2 + 3,0)	9,6	
Planmäßige Abschreibung = Normal-AfA auf Fertigungsanlagen	19,4	
Fertigungskosten insgesamt	77,0	77,0
Wertuntergrenze nach § 255 HGB aller im Jahre 1 hergestellten Erzeugnisse		121,0
Wertuntergrenze der am 31.12.1 vorhandenen Erzeugnisse (10 % · 121 =)		12,1

b) Wertuntergrenze nach Steuerrecht

Die Wertuntergrenze nach Handelsrecht gilt über den Maßgeblichkeitsgrundsatz des § 5 Abs. 1 Satz 1 EStG auch für die Steuerbilanz. Klargestellt sei, dass entgegen den Ausführungen in R 6.3 Abs. 1 EStR Kosten der allgemeinen Verwaltung nach § 6 Abs. 1 Nr. 1b EStG nicht in die Herstellungskosten einbezogen werden müssen. Gleiches gilt hinsichtlich der in § 6 Abs. 1 Nr. 1b EStG weiter aufgeführten Aufwendungen für soziale Einrichtungen des Betriebs sowie der betrieblichen Altersversorgung.

c) Wertobergrenze nach Handels- und Steuerrecht

§ 255 HGB enthält eine Reihe von Einbeziehungswahlrechten. Gleiches gilt nach dem Maßgeblichkeitsgrundsatz auch für die Steuerbilanz. In Handels- und Steuerbilanz dürfen danach folgende Kosten einbezogen werden:

	Mio. €
• die den Erzeugnissen direkt zurechenbaren Zinsen	5,0
• betriebliche Altersversorgung, freiwillige soziale Leistungen	6,0
• Kosten der allgemeinen Verwaltung	84,0
Handels- und steuerrechtlich einbeziehungsfähige, aber nicht einbeziehungspflichtige Kosten des Jahres 1	95,0
hiervon entfallen auf die zu bewertenden Erzeugnisse (10 % · 95 =)	9,5

	Mio. €
Summe der einbeziehungspflichtigen und der nur einbeziehungsfähigen Kosten des Jahres 1 (121+95)	216,0
hiervon auf die zu bewertenden Erzeugnisse entfallende Kosten (10 % · 216)	
Wertobergrenze der Erzeugnisse	21,6

d) Nicht einbeziehungsfähige Kosten

Folgende in der Aufgabenstellung genannten Kosten dürfen nicht in die Herstellungskosten einbezogen worden:

	Mio. €
Außerplanmäßige Abschreibungen	4,0
kalkulatorische Abschreibungen	2,0
sonstige Fremdkapitalzinsen	3,0
kalkulatorische Eigenkapitalzinsen	7,0
Körperschaftsteuer	3,0
Gewerbesteuer	3,2
Vertriebskosten	32,0
insgesamt	54,2

Diese Kosten sind weder nach § 255 HGB noch nach deutschem Steuerrecht in die Herstellungskosten einbeziehungsfähig. Für die außerplanmäßigen Abschreibungen ergibt sich das Verbot der Einbeziehung in die Herstellungskosten daraus, dass sie keinen Kostencharakter haben. Angemerkt sei, dass ihre Berücksichtigung im BAB der üblichen betriebswirtschaftlichen Handhabung widerspricht. Kalkulatorische Abschreibungen und kalkulatorische Eigenkapitalzinsen dürfen deshalb nicht in die Herstellungskosten einbezogen werden, weil ihnen keine Aufwendungen gegenüberstehen. Das Verbot der Einbeziehung der sonstigen Fremdkapitalzinsen ergibt sich aus § 255 Abs. 3 Satz 1 HGB. Vertriebskosten dürfen nach § 255 Abs. 2 Satz 4 HGB nicht in die Herstellungskosten einbezogen werden. Da die Körperschaftsteuer und die Gewerbesteuer im Wesentlichen von der Gewinnhöhe abhängig sind, wird ihr Kostencharakter überwiegend verneint. Auf diese Weise wird begründet, dass sie nicht in die Herstellungskosten einbeziehungsfähig sind. Eine abweichende Begründung für die Nichteinbeziehung dieser Steuerarten in die Herstellungskosten ergibt sich aus R 6.3 Abs. 6 EStR.

Zu Aufgabe 6

Die A-KG hat die Inhaberschuldverschreibungen als Liquiditätsreserve erworben. Sie sind also nicht dazu bestimmt, dauernd dem Geschäftsbetrieb zu dienen. Nach § 247 Abs. 2 HGB handelt es sich somit um Wertpapiere des Umlaufvermögens. Zum 31.12.1 sind diese mit ihren Anschaffungskosten von (200.000 € · 90 % =) 180.000 € bewertet worden. Dies gilt sowohl für die Handels- als auch die Steuerbilanz der A-KG.

Da der Wert der Wertpapiere zum 31.12.2 auf (200.000 · 85 % =) 170.000 € gesunken ist, greift handelsbilanziell das strenge Niederwertprinzip des § 253 Abs. 4 HGB. Die A-KG muss zwingend eine außerplanmäßige Abschreibung vornehmen und die Wertpapiere in der Handelsbilanz zum 31.12.2 mit 170.000 € bewerten.

Steuerlich ist der Teilwert der Wertpapiere zum 31.12.2 auf 170.000 € gesunken. Nach § 6 Abs. 1 Nr. 2 Satz 2 EStG kann eine Teilwertabschreibung vorgenommen werden, wenn eine voraussichtlich dauernde Wertminderung vorliegt. Nach einem

BMF-Schreiben vom 2.9.2016[1] liegt eine solche allerdings nicht vor, wenn bei börsennotierten, festverzinslichen Wertpapieren eine Forderung zum Nominalwert verbrieft ist. Eine Teilwertabschreibung kann nur dann vorgenommen werden, wenn ein Bonitäts- oder Liquiditätsrisiko hinsichtlich der Rückzahlung der Nominalbeträge besteht. Da die Inhaberschuldverschreibungen zum Nominalwert zurückzuzahlen sind und keine Anhaltspunkte gegen die Einlösung sprechen, ist nicht von einer voraussichtlich dauernden Wertminderung auszugehen. Die A-KG hat somit die Inhaberschuldverschreibungen weiterhin mit ihren Anschaffungskosten i. H. v. (200.000 € · 90 % =) 180.000 € zu bewerten. Der Wertansatz zwischen Handels- und Steuerbilanz fällt folglich zwingend auseinander.

Zum 31.12.3 ist der Börsenwert der Wertpapiere über die Anschaffungskosten der A-KG hinaus gestiegen. Handelsbilanziell darf nach § 253 Abs. 5 HGB ein niedrigerer Wertansatz nicht beibehalten werden, da der Grund für die vorausgegangene außerplanmäßige Abschreibung nicht mehr besteht. Die A-KG muss daher zwingend eine Zuschreibung vorzunehmen und die Inhaberschuldverschreibungen mit ihren Anschaffungskosten in Höhe von (200.000 € · 90 % =) 180.000 € bewerten. Eine Zuschreibung über die Anschaffungskosten hinaus ist nach § 253 Abs. 1 Satz 1 HGB unzulässig.

In ihrer Steuerbilanz zum 31.12.3 muss die A-KG die Anteile weiterhin mit 180.000 € bewerten. Eine Zuschreibung über die Anschaffungskosten hinaus ist nicht zulässig. Handels- und steuerrechtlicher Ausweis stimmen zum 31.12.3 wieder überein.

Zu Aufgabe 7

a) Das Edelmetall ist dem Umlaufvermögen zuzuordnen, da es nicht i. S. d. § 247 Abs. 2 HGB dauernd dem Geschäftszweck zu dienen bestimmt ist, sondern von der KG zum Verbrauch im Rahmen des Produktionsprozesses erworben wurde.

   Unabhängig von der Zuordnung zum Anlage- oder Umlaufvermögen sind Vermögensgegenstände nach § 253 Abs. 1 Satz 1 HGB maximal mit ihren Anschaffungs- oder Herstellungskosten zu bewerten. Die Anschaffungskosten des Edelmetalls haben 520.840 € betragen. Diese dürfen keinesfalls überschritten werden, auch wenn der Wert am Bilanzstichtag auf 1.500.000 € gestiegen ist. Das Edelmetall ist daher am 31.12.1 in der Handelsbilanz mit 520.840 € zu bewerten.

b) Auch steuerlich sind Wirtschaftsgüter des Umlaufvermögens nach § 6 Abs. 1 Nr. 2 Satz 1 EStG mit ihren Anschaffungskosten zu bewerten. Diese dürfen nach § 6 Abs. 1 Nr. 2 Satz 2 EStG nur dann unterschritten werden, wenn Abschreibungen aufgrund einer voraussichtlich dauernden Wertminderung zulässig werden. Hierfür sind keine Anzeichen ersichtlich, so dass das Edelmetall

---

1 BMF-Schreiben vom 2.9.2016, BStBl 2016 I, S. 995, Tz. 21-23.

steuerlich zum 31.12.1, nicht wie von G gewünscht, mit 300.000 €, sondern mit seinen Anschaffungskosten i. H. v. 520.840 € zu bewerten ist.

Zu Aufgabe 8

Die Aktien sind zum 31.12.2 von der KG wie folgt zu bewerten:

		Handelsbilanz	Steuerbilanz
Nano-AG	Anlagevermögen	2 Mio. €	2 Mio. €
	Umlaufvermögen	2 Mio. €	2 Mio. €
Wind-AG	Anlagevermögen	0,5 Mio. €	0,5 Mio. €
	Umlaufvermögen	0,5 Mio. €	0,5 Mio. €

Aktien der Nano-AG

Zum 31.12.2 beträgt der Kurswert der Aktien 3,5 Mio. €; er liegt damit über dem Bilanzansatz zum 31.12.1 von 1 Mio. € und über den Anschaffungskosten von 2 Mio. €.

Handelsrechtlich darf nach § 253 Abs. 5 HGB ein niedrigerer Wertansatz nicht beibehalten werden, wenn die Gründe dafür nicht mehr bestehen. Eine Zuschreibung über die Anschaffungskosten hinaus ist nach § 253 Abs. 1 Satz 1 HGB allerdings nicht zulässig. In der Handelsbilanz zum 31.12.2 sind die Aktien deshalb mit 2 Mio. € anzusetzen, es ist also eine Zuschreibung in Höhe von 1 Mio. € vorzunehmen. Ein Wahlrecht besteht nicht. Der Wertansatz von 2 Mio. € gilt unabhängig davon, ob sich die Wertpapiere im Anlage- oder Umlaufvermögen befinden.

Steuerrechtlich hat die Bewertung der Aktien aufgrund des Bewertungsvorbehalts des § 5 Abs. 6 EStG nach Steuerrecht zu erfolgen. Unabhängig davon, ob die Aktien dem Anlage- oder dem Umlaufvermögen zuzurechnen sind, sind sie nach § 6 Abs. 1 Nr. 2 EStG zu bewerten. Da der Teilwert (Börsenwert am Bilanzstichtag) oberhalb der Anschaffungskosten liegt, kommt dessen Satz 3 zur Anwendung. Dieser verweist über § 6 Abs. 1 Nr. 1 Satz 4 auf § 6 Abs. 1 Nr. 1 Satz 1 EStG. Danach sind die Aktien mit ihren Anschaffungskosten von 2 Mio. € zu bewerten. In der Steuerbilanz zum 31.12.2 muss die M-KG die Aktien somit ebenfalls zwingend mit 2 Mio. € bewerten.

Aktien der Wind-AG

Zum 31.12.2 beträgt der Kurswert der Aktien 0,5 Mio. €; er liegt damit unter den Anschaffungskosten von 1,6 Mio. €. Aufgrund der Informationen über die Wind-AG ist von einer voraussichtlich dauernden Wertminderung auszugehen.

Handelsrechtlich muss die KG die Aktien auf den Wert von 0,5 Mio. € abschreiben. Für den Fall, dass die Aktien dem Anlagevermögen zugeordnet sind, ergibt sich das aus § 253 Abs. 3 Satz 5 HGB, für den Fall, dass die Aktien dem Umlaufvermögen zugeordnet sind, aus § 253 Abs. 4 HGB (Abschreibung auf den niedrigeren Börsen- oder Marktpreis). Ein Wahlrecht besteht nicht.

Steuerrechtlich sind die Aktien – unabhängig davon, ob sie zum Anlage- oder zum Umlaufvermögen gehören – nach § 6 Abs. 1 Nr. 2 EStG zu bewerten. Nach Satz 2 dieser Rechtsnorm kann die KG die Aktien mit ihrem niedrigeren Teilwert von 0,5 Mio. € ansetzen, da der Teilwert der Aktien voraussichtlich dauerhaft gesunken ist. Die M-KG hat somit steuerlich ein Wahlrecht, die Aktien mit ihren Anschaffungskosten in Höhe von 1,6 Mio. € anzusetzen oder eine Teilwertabschreibung auf 0,5 Mio. € vorzunehmen. Auch beliebige Zwischenwerte sind möglich. Nach § 5 Abs. 1 Satz 1 zweiter Halbsatz EStG kann sie dieses Wahlrecht unabhängig vom Vorgehen in der Handelsbilanz ausüben. Da die M-KG in der Steuerbilanz einen möglichst geringen Jahresüberschuss ausweisen will, sollte sie eine Teilwertabschreibung auf 0,5 Mio. € vornehmen.

Zu Aufgabe 9

a) Bei dem Patent handelt es sich um ein selbstgeschaffenes immaterielles Wirtschaftsgut des Anlagevermögens. Dieses darf nach § 5 Abs. 2 EStG nicht aktiviert werden. Dies gilt unabhängig von der bilanzpolitischen Zielsetzung der KG.

   Angemerkt sei, dass – abweichend vom Steuerrecht – handelsrechtlich das Patent gem. § 248 Abs. 2 HGB aktiviert werden darf (Wahlrecht). Geschieht dies, so muss es mit seinen Herstellungskosten bewertet werden. In diese sind nach § 255 Abs. 2a HGB die Entwicklungskosten von 600 T€ einzubeziehen; die Forschungskosten von 300 T€ dürfen hingegen nicht in die Herstellungskosten einbezogen werden.

b) Die KG hat grundsätzlich nach § 7 Abs. 3 EStG ein Wahlrecht, die geometrisch-degressive Abschreibung des § 7 Abs. 2 EStG beizubehalten oder zur linear-gleichbleibenden überzugehen. Einem Wechsel der Abschreibungsmethode bereits ein Jahr nach Anschaffung der Maschine könnte allerdings das Stetigkeitsgebot des § 252 Abs. 1 Nr. 6 HGB entgegenstehen, dann nämlich, wenn die KG bei vergleichbaren Vermögensgegenständen den Wechsel erst zu einem späteren Zeitpunkt vornimmt oder vor kurzem vorgenommen hat. Laut Sachverhalt ist die Spezialmaschine bei der KG ein Unikat. Dies spricht dafür, dass das Stetigkeitsgebot des § 252 Abs. 1 Nr. 6 HGB nicht greift. Dies gilt sowohl für die handels- als auch die steuerbilanzielle Behandlung. Bei der steuerlichen Betrachtung kommt hinzu, dass § 7 Abs. 3 EStG ein steuerrechtliches Bewertungswahlrecht beinhaltet. Für ein derartiges Wahlrecht greift nach dessen Sinn und Zweck das handelsrechtliche Stetigkeitsgebot nicht.

   Nachfolgend wird unter (1) der Bilanzansatz der Maschine für den Fall in Staffelform entwickelt, dass die KG einen möglichst geringen Gewinnausweis anstrebt. Unter (2) erfolgt die Darstellung für den Fall eines möglichst hohen Gewinnausweises. Die Abschreibung im Fall (2) für das Jahr 2 ergibt sich als

Quotient aus dem Wertansatz der Maschine zum 31.12.1 von 75.000 € und deren voraussichtlicher Restnutzungsdauer von 9 Jahren.

	(1)	(2)
	€	€
Buchwert am 31.12.1	75.000	75.000
- Abschreibung		
75.000 · 25 %	- 18.750	-
75.000 : 9	-	- 8.333
Buchwert am 31.12.2	56.250	66.667

c) Forderungen sind steuerrechtlich nach § 6 Abs. 1 Nr. 2 EStG zu bewerten. Ihre Anschaffungskosten haben lt. Sachverhalt 20.000 € betragen. Aufgrund der Wechselkursänderung ist deren Teilwert zum Bilanzstichtag, dem 31.12.2, auf (0,7 · 25.000 =) 17.500 € gesunken. Da es sich um eine kurzfristige Forderung aus Lieferungen und Leistungen handelt, kann am Bilanzstichtag davon ausgegangen werden, dass die eingetretene Wertminderung voraussichtlich von Dauer sein wird. Damit kann (Wahlrecht) die KG gem. § 6 Abs. 1 Nr. 2 Satz 2 EStG zum Bilanzstichtag eine Abschreibung auf den niedrigeren Teilwert von 17.500 € vornehmen, sie kann die Forderung aber auch mit ihren Anschaffungskosten von 20.000 € bewerten. Strebt die KG einen möglichst geringen Gewinnausweis an, so ist es zielkonform, wenn sie die Forderung mit 17.500 € bewertet. Strebt sie hingegen den Ausweis eines möglichst hohen Gewinnes an, so ist es zielkonform, wenn sie die Forderung weiterhin mit ihren Anschaffungskosten von 20.000 € bewertet.

Angemerkt sei, dass die KG handelsbilanziell nach § 253 Abs. 4 HGB zwingend eine Abschreibung auf Forderungen um (20.000 - 17.500 =) 2.500 € vornehmen muss. Der Bilanzansatz beträgt dann zwingend 17.500 €.

d) Die Feuerversicherungsprämie für die Monate Januar bis September des Jahres 3 i. H. v. 18 T€ ist zum 31.12.2 als eine Ausgabe vor dem Abschlussstichtag, die Aufwand für das Jahr 3 darstellt, anzusehen. Für sie ist deshalb nach § 5 Abs. 5 Satz 1 Nr. 1 EStG zum 31.12.2 ein aktiver Rechnungsabgrenzungsposten zu bilden. Im Rahmen der den Jahresabschluss 2 vorbereitenden Abschlussbuchungen muss die KG deshalb wie folgt buchen:

„Aktiver Rechnungsabgrenzungsposten 18 T€
an Feuerversicherungsprämie 18 T€".

Angemerkt sei, dass handelsbilanziell nach § 250 Abs. 1 HGB in gleicher Weise zu verfahren ist wie steuerbilanziell.

e) Ende des Jahres 2 sind bei der KG (2 · 10.000 =) 20.000 € Mietforderungen und Mieterträge entstanden. Nach dem Vollständigkeitsgebot des § 246 Abs. 1

HGB hat die KG sowohl die Forderungen als auch die Erträge im Rahmen einer vorbereitenden Jahresabschlussbuchung in das Rechenwerk des Jahres 2 einzubuchen. Nach § 5 Abs. 1 Satz 1 EStG (Maßgeblichkeitsgrundsatz) gilt dies auch steuerrechtlich. Die KG hat zu buchen:

„Mietforderungen 20.000 € an Mieterträge 20.000 €“.

Das Konto „Mietforderungen“ stellt ein Unterkonto der sonstigen Forderungen, das Konto „Mieterträge“ ein Unterkonto der sonstigen betrieblichen Erträge dar.

Angemerkt sei, dass die im Rechenwerk des Jahres 3 vorgenommene Verbuchung eines Mietertrages für die Miete der Monate November und Dezember des Jahres 2 durch folgende Buchung im Jahre 3 korrigiert werden muss:

„Mieterträge 20.000 € an Mietforderungen 20.000 €“.

f) Der KG droht aus einer Festpreisvereinbarung ein Verlust aus einem schwebenden Geschäft in Höhe von rd. 6 Mio. €, für den handelsrechtlich nach § 249 Abs. 1 Satz 1 HGB eine Rückstellung zu bilden ist. Aus § 5 Abs. 4a Satz 1 EStG ergibt sich jedoch, dass in der Steuerbilanz Rückstellungen für drohende Verluste aus schwebenden Geschäften nicht gebildet werden dürfen. Ein Wahlrecht besteht nicht.

Zu Aufgabe 10

a) Wahlrechte und Ermessensspielräume sind Aktionsparameter der Bilanzpolitik. Wahlrechte werden im Gesetz ausdrücklich eingeräumt, Ermessensspielräume hingegen nicht. Ermessensspielräume entstehen aufgrund von bisher ungeklärten Rechtslagen oder im Falle von Schätzungen. Aktionsparameter können bei der Bilanzierung und der Bewertung bestehen. Sie können sowohl Aktiva als auch Passiva betreffen. Systematisch können Wahlrechte und Ermessensspielräume wie folgt untergliedert werden:

- Wahlrechte und Ermessensspielräume bei der Aktivierung,
- Wahlrechte und Ermessensspielräume bei der Passivierung,
- Wahlrechte und Ermessensspielräume bei der Bewertung der Aktiva,
- Wahlrechte und Ermessensspielräume bei der Bewertung der Passiva.

Aktivierungswahlrechte sind selten. Zu nennen sind vor allem der wahlweise Ansatz von selbst geschaffenen immateriellen Vermögensgegenständen des Anlagevermögens nach § 248 Abs. 2 HGB und der wahlweise Ansatz eines Disagios als aktiver Rechnungsabgrenzungsposten nach § 250 Abs. 3 HGB. Steuerlich ergibt sich für Erstgenanntes ein Bilanzierungsverbot aus § 5 Abs. 2 EStG. Das Disagio hingegen muss bilanziert werden; dies ergibt sich aus § 5 Abs. 5 EStG.

Wahlrechte und Ermessensspielräume bei der Passivierung sind selten. Sie betreffen vor allem den Ansatz von Rückstellungen.

Wahlrechte bei der Bewertung der Aktiva kommen häufiger vor. Hier können insbesondere genannt werden:

- Wahlrechte bei Ermittlung der Anschaffungs- oder Herstellungskosten (Verbrauchsfolgeverfahren, Einbeziehung von Kosten der allgemeinen Verwaltung und des Sozialbereichs),
- Wahlrecht zur Vornahme einer außerplanmäßigen Abschreibung auf Finanzanlagen bei einer voraussichtlich nicht dauernden Wertminderung (§ 253 Abs. 3 Satz 6 HGB) und
- Wahlrechte bei den Abschreibungen (Wahl der Abschreibungsmethode, erhöhte Absetzungen, Sonderabschreibungen).

Ermessensspielräume bei der Bewertung bestehen sowohl auf der Aktiv- als auch auf der Passivseite der Bilanz. Auf der Aktivseite bestehen sie vor allem bei der Bestimmung der Nutzungsdauer von Vermögensgegenständen bzw. Wirtschaftsgütern des abnutzbaren Anlagevermögens und bei der Ermittlung der Herstellungskosten. Auf der Passivseite ergeben sich Ermessensspielräume vor allem im Rahmen der Schätzung der Wertansätze von Rückstellungen.

b) Wird in der Bilanz ein möglichst niedriger Gewinnausweis angestrebt, sind in der Bilanz die Aktiva möglichst niedrig und die Passiva möglichst hoch zu bewerten. Korrespondierend hierzu sind in der Gewinn- und Verlustrechnung Aufwendungen möglichst hoch und Erträge möglichst niedrig auszuweisen. Möglichkeiten für derartige bilanzpolitische Maßnahmen bestehen insbesondere darin, dass Abschreibungen möglichst hoch bemessen, Vorräte möglichst niedrig und Rückstellungen möglichst hoch bewertet werden.

   Für das Ziel des Ausweises eines möglichst hohen Gewinns gilt das Umgekehrte. In der Bilanz sind die Aktiva möglichst hoch und die Passiva möglichst niedrig zu bewerten. Bei Abschreibungswahlrechten sollte die niedrigst mögliche Abschreibung gewählt werden. Rückstellungen sollten so gering wie möglich bewertet werden. Möglichkeiten der Zuschreibung hingegen sollten voll genutzt werden.

Zu Aufgabe 11

Da die Wertminderung zum 31.12.7 aus Sicht dieses Bilanzstichtages nicht als voraussichtlich vorübergehend, sondern als voraussichtlich dauernd anzusehen ist, kommt es zur Anwendung des § 253 Abs. 3 Satz 5 HGB. Handelsbilanziell ist somit zwingend eine Abschreibung auf 7 Mio. € vorzunehmen. Steuerrechtlich kann nach § 6 Abs. 1 Nr. 1 Satz 2 EStG eine Teilwertabschreibung vorgenommen werden, wenn eine dauerhafte Wertminderung vorliegt. Nach dem BMF-Schreiben vom 2.9.2016[2] ist allerdings keine Wertminderung von Dauer gegeben, da der Wert des Gebäudes nicht für mindestens die halbe Restnutzungsdauer unter dem planmäßigen Restbuchwert liegt. Nach der Randnummer 8 dieses Schreibens hat das den Sachverhalt zu prüfende Finanzamt in einem derartigen Fall eine voraussichtlich dauernde Wertminderung zu verneinen.

Da der Grund für die außerplanmäßige Abschreibung weggefallen ist, hat die X-GmbH zum 31.12.8 handelsrechtlich nach § 253 Abs. 5 HGB eine Zuschreibung auf die sich unter Berücksichtigung des ursprünglichen Abschreibungsplans ergebenden fortgeschriebenen Herstellungskosten vorzunehmen. Steuerlich ist das Bürogebäude weiterhin zu diesen fortgeschriebenen Herstellungskosten zu bewerten, da der Steuerpflichtige einen niedrigeren Teilwert gem. § 6 Abs. 1 Nr. 1 Satz 2 nicht nachweisen kann. Handels- wie steuerrechtlich hat eine Bewertung mit den fortgeschriebenen Herstellungskosten, d. h. mit den Herstellungskosten vermindert um die kumulierten Abschreibungen für die Jahre 3 bis 8, d. h. für insgesamt 6 Jahre, zu erfolgen. Die kumulierten Abschreibungen betragen (10 Mio. € · 3 % · 6 Jahre =) 1.800.000 €. Der Wertansatz zum 31.12.8 muss somit in Handels- und Steuerbilanz übereinstimmend (10.000.000 - 1.800.000 =) 8.200.000 € betragen.

Zu Aufgabe 12

Die Wertminderung des Gebäudes der Y-GmbH zum 31.12.3 ist voraussichtlich nur vorübergehender Art. Die Y-GmbH darf daher nach § 6 Abs. 1 Nr. 1 Satz 2 EStG steuerrechtlich keine Teilwertabschreibung vornehmen. Nach § 253 Abs. 3 Satz 5 HGB darf handelsbilanziell keine außerplanmäßige Abschreibung vorgenommen werden. Damit ergibt sich für die Steuer- und die Handelsbilanz übereinstimmend ein Abschreibungsverbot.

Zu Aufgabe 13

Das Grundstück gehört zum notwendigen Betriebsvermögen des Steuerpflichtigen. Zu den Anschaffungskosten des Grundstücks sind auch die Anschaffungsnebenkosten, und zwar Grunderwerbsteuer, Notariatskosten, Kosten der Grundbucheintragung und Maklergebühren zu rechnen. Die Anschaffungsnebenkosten sind im Verhältnis 1:3 auf Grund und Boden und auf das Grundstück aufzuteilen. Die von dem Rechtsvorgänger übernommene Grundsteuerverbindlichkeit gehört als Teil des Kaufpreises zu den Anschaffungskosten des Grundstücks. Hingegen gehört die nach dem Erwerb fällig werdende Grundsteuer zu den sofort abzugsfähigen Betriebsausgaben i. S. d. § 4 Abs. 4 EStG. Die Anschaffungskosten können wie folgt ermittelt werden:

---

2 BMF-Schreiben vom 2.9.2016, BStBl 2016 I, S. 995, Tz. 8.

	Grund und Boden		Gebäude
	€	€	€
Kaufpreis		230.000	690.000
Grunderwerbsteuer	46.000		
Notariatskosten	9.200		
Grundbucheintragung	4.800		
Maklergebühren	54.000		
	114.000	28.500	85.500
Anschaffungskosten		258.500	775.500

Der Grund und Boden ist in der Bilanz zum 31.12.1 und zum 31.12.2 mit 258.500 € anzusetzen.

Die Bilanzansätze des Gebäudes können wie folgt ermittelt werden:

	€
Anschaffungskosten	775.500
- AfA für 3 Monate gem. § 7 Abs. 4 Nr. 1 EStG (jährlich 3 %)	5.816
Bilanzansatz 31.12.1	769.684
- AfA für 12 Monate	23.265
Bilanzansatz 31.12.2	746.419

Zu Aufgabe 14

Sowohl in der Handels- als auch in der Steuerbilanz zum 31.12.1 sind zwingend die Anschaffungskosten von 300 T€ anzusetzen. Der Ansatz des höheren Börsenwertes zu diesem Stichtag ist ausgeschlossen. Für die Handelsbilanz ergibt sich dies aus § 253 Abs. 1 Satz 1 HGB, für die Steuerbilanz aus § 6 Abs. 1 Nr. 2 EStG.

Zum 31.12.2 ist handelsbilanziell zwingend der Börsenwert zu diesem Stichtag i. H. v. 150 T€ anzusetzen. Es ist also eine außerplanmäßige Abschreibung um 150 T€ vorzunehmen. Für den Fall, dass die Wertpapiere zum Umlaufvermögen gehören, ergibt sich das aus dem strengen Niederstwertprinzip des § 253 Abs. 4 HGB. Handelt es sich hingegen um Wertpapiere des Anlagevermögens, so gilt nach § 253 Abs. 3 Satz 6 HGB ein Wahlrecht zum Ansatz des niedrigeren Wertes. Aus Sicht des Bilanzstichtages muss aber angenommen werden, dass die Wertminderung voraussichtlich von Dauer sein wird. In diesem Fall besteht auch nach § 253 Abs. 3 Satz 5 HGB ein Zwang zum niedrigeren Wertansatz.

Die steuerliche Bewertung zum 31.12.2 richtet sich nach § 6 Abs. 1 Nr. 2 EStG. Dies gilt unabhängig davon, ob die Aktien zum Anlage- oder zum Umlaufvermögen gehören. Nach Satz 1 der genannten Norm sind die Aktien mit ihren Anschaffungskosten von 300 T€ zu bewerten. Ist ihr Teilwert auf Grund einer voraussichtlich dauernden Wertminderung niedriger, so kann nach Satz 2 dieser Norm der niedrigere Teilwert angesetzt werden. Der Teilwert entspricht dem Börsenwert von 150 T€, er ist also niedriger. In Übereinstimmung mit dem BMF-Schreiben vom

2.9.2016[3] kann am Bilanzstichtag, dem 31.12.2, davon ausgegangen werden, dass die Wertminderung voraussichtlich von Dauer sein wird. Damit hat die KG ein Wahlrecht, die Wertpapiere mit 300 T€, mit 150 T€ oder auch mit einem beliebigen Zwischenwert anzusetzen.

Zum 31.12.3 ist handelsbilanziell der Grund für die im vergangenen Jahr vorgenommene außerplanmäßige Abschreibung entfallen. Damit muss nach § 253 Abs. 5 HGB zwingend eine Zuschreibung auf den Börsenwert am Bilanzstichtag, höchstens aber nach § 253 Abs. 1 HGB auf die Anschaffungskosten vorgenommen werden. Es ist also auf einen Wertansatz von 300 T€ zuzuschreiben. Die Zuschreibung hat unabhängig davon zu erfolgen, ob die Wertpapiere zum Anlage- oder zum Umlaufvermögen gehören.

Steuerlich sind die Wertpapiere zum 31.12.3 zwingend mit ihren Anschaffungskosten von 300 T€ zu bewerten. Dies ergibt sich – unabhängig davon, ob sie zum Anlage- oder zum Umlaufvermögen gehören – aus § 6 Abs. 1 Nr. 2 Satz 3 i. V. m. § 6 Abs. 1 Nr. 1 Satz 4 EStG.

Zum 31.12.4 ist zwischen den Fällen zu unterscheiden, dass die Wertpapiere zum Anlage- oder zum Umlaufvermögen gehören. Sind sie dem Anlagevermögen zuzurechnen, so besteht nach § 253 Abs. 3 Satz 6 HGB ein Wahlrecht, sie auf den Börsenwert von 290 T€ abzuschreiben. Nach h. M. sind auch Zwischenwerte zwischen einem Wertansatz von 300 T€ und von 290 T€ zulässig. Gehören die Wertpapiere zum Umlaufvermögen, so müssen sie nach § 253 Abs. 4 HGB auf 290 T€ abgeschrieben werden.

Steuerlich sind die Wertpapiere zum 31.12.4 nach § 6 Abs. 1 Nr. 2 Satz 1 EStG mit ihren Anschaffungskosten von 300 T€ zu bewerten. Eine Abschreibung auf den niedrigeren Teilwert (= Börsenwert) von 290 T€ nach § 6 Abs. 1 Nr. 2 Satz 2 EStG ist nicht zulässig, da die Wertminderung voraussichtlich nicht von Dauer sein wird. Diese Einschätzung wird durch die Kursentwicklung bis zum Tag der Bilanzerstellung bestätigt. Die Kursentwicklung zwischen dem Bilanzstichtag und dem Tag der Bilanzerstellung hat werterhellenden Charakter und ist damit bei der Bewertung zum Bilanzstichtag zu berücksichtigen.

Zu Aufgabe 15

a) Sowohl handels- als auch steuerrechtlich muss die KG zum 31.12.4 den Bilanzwert des unbebauten Grundstücks auf die ursprünglichen Anschaffungskosten von 75 T€ erhöhen. Sie muss also eine Zuschreibung um (75 - 30 =) 45 T€ vornehmen. Handelsrechtlich ergibt sich dies aus § 253 Abs. 5 HGB i. V. m. § 253 Abs. 1 Satz 1 HGB, steuerrechtlich aus § 6 Abs. 1 Nr. 2 Satz 3 EStG.

b) Die Herstellung der Lagerhalle ist am Bilanzstichtag bereits erfolgt. Die KG hat deshalb alle bereits an sie erbrachten Leistungen zu erfassen. Hierzu zählen

3 BMF-Schreiben vom 2.9.2016, BStBl 2016 I, S. 995, Tz. 17-20c

auch die noch nicht abgerechneten aber bereits bekannten Baukosten i. H. v. 60 T€. Die Herstellungskosten der Lagerhalle betragen demnach (840 + 60 =) 900 T€. Dieser Betrag stellt die Bemessungsgrundlage für die Abschreibungen dar. Diese sind im Fall (1) so hoch und im Fall (2) so niedrig wie möglich vorzunehmen. Die höchstmögliche GoB-konforme Abschreibung besteht in einer 3 %igen, die niedrigst mögliche in einer 2 %igen Abschreibung für 2 Monate. Die beiden handelsbilanziellen Wertansätze zum 31.12.4 können demnach wie folgt ermittelt werden (Angaben in T€).

	(1)	(2)
	T€	T€
Bereits abgerechnete Baumaßnahmen	840,0	840,0
noch nicht abgerechnete Baumaßnahmen	60,0	60,0
Herstellungskosten	900,0	900,0
Abschreibung (3 % · 2/12 · 900)	- 4,5	
(2 % · 2/12 · 900)		- 3,0
Bilanzansatz am 31.12.4	895,5	897,0

Steuerrechtlich handelt es sich bei der Lagerhalle um ein Wirtschaftsgebäude i. S. d. § 7 Abs. 4 Satz 1 Nr. 1 EStG. Damit ist steuerrechtlich zwingend eine Abschreibung von 3 % p. a. auf die Herstellungskosten der Lagerhalle vorzunehmen.

c) Zum Ausweis eines möglichst niedrigen Gewinnes muss die KG möglichst hohe Abschreibungen vornehmen. Dies bedeutet, dass sie die bisher angewendete 30 %ige geometrisch-degressive Abschreibung auch weiterhin anwenden muss. Will die KG hingegen einen möglichst hohen Gewinn ausweisen, so muss sie die Abschreibungen möglichst niedrig halten. Sie muss dann mit Beginn des Jahres 4 zur linear-gleichbleibenden Abschreibung übergehen. Die Abschreibung ergibt sich dann als Quotient aus dem Buchwert zum 31.12.3 (70 T€) und der Restnutzungsdauer von neun Jahren. Die Bilanzansätze bei einem möglichst niedrigen (1) und bei einem möglichst hohen (2) Gewinnausweis lassen sich wie folgt ermitteln (Angaben in €):

	(1)	(2)
	€	€
Bilanzansatz zum 31.12.3	70.000	70.000
Abschreibung (30 % · 70.000)	- 21.000	
im Jahre 4 (70.000 : 9)		- 7.778
Bilanzansatz am 31.12.4	49.000	62.222

Die Ausführungen gelten sowohl für die Handels- als auch die Steuerbilanz.

d) Die Stühle stellen geringwertige Wirtschaftsgüter dar, da die Anschaffungskosten je Stuhl unterhalb der Geringwertigkeitsgrenze liegen. Für geringwertige Wirtschaftsgüter besteht nach § 6 Abs. 2 EStG ein Wahlrecht, sie entweder im Jahr der Anschaffung oder Herstellung voll als Aufwand zu verbuchen (als Abschreibung) oder aber sie zu aktivieren und zeitanteilig abzuschreiben. Von der ersten Möglichkeit sollte im Fall (1), von der zweiten hingegen im Fall (2) Gebrauch gemacht werden. Da im Fall (2) ein möglichst hoher Gewinnausweis erwünscht ist, ist die Abschreibung so gering wie möglich vorzunehmen. Dies geschieht dadurch, dass lediglich eine linear-gleichbleibende Abschreibung, und zwar für den Mindestzeitraum, d. h. für 6 Monate, vorgenommen wird. Die Bilanzansätze der Alternativen lassen sich demnach wie folgt ermitteln (Angaben in €):

	(1)	(2)
	€	€
Anschaffungskosten zum 1.7.4	15.000	15.000
Aufwand (Vollabschreibung)	- 15.000	
Abschreibung (6/12 ·10 % · 15.000)		- 750
Bilanzansatz am 31.12.4	0	14.250

Die bisherigen Ausführungen gelten nicht nur steuer-, sondern auch handelsrechtlich, da § 6 Abs. 2 EStG als eine GoB-konforme Rechtsnorm angesehen wird.

Sollte die KG vergleichbare geringwertige Vermögensgegenstände, hier also Stühle, in der Vergangenheit erworben und diese sofort als Aufwand verbucht haben, so ist sie an diese Vorgehensweise nach dem Stetigkeitsgebot des § 252 Abs. 1 Nr. 6 HGB grundsätzlich gebunden. Sie muss dann die im Jahre 4 angeschafften Stühle ebenfalls grundsätzlich sofort als Aufwand verbuchen, es sei denn, sie kann begründen, dass eine begründete Ausnahme von dem Stetigkeitsgebot nach § 252 Abs. 2 HGB vorliegt. Um dies beurteilen zu können, reicht der hier geschilderte Sachverhalt nicht aus. Die Frage muss also im konkreten Fall offenbleiben.

e) Bei dem Patent handelt es sich um einen selbsterstellten immateriellen Vermögensgegenstand des Anlagevermögens. Für ihn besteht nach § 248 Abs. 2 HGB ein Aktivierungswahlrecht. Wird das Patent aktiviert, so ist es nach § 255 Absätze 2 und 2a HGB mit seinen Herstellungskosten (= Entwicklungskosten) von 600 T€ nach Abzug der Abschreibung für 6 Monate zu bewerten. Bei einer voraussichtlichen Nutzungsdauer des Patents von 10 Jahren beträgt die jährliche Mindestabschreibung (600 T€ : 10 Jahre =) 60 T€. Die Abschreibung für 6 Monate beträgt entsprechend 30 T€. Strebt die KG einen möglichst geringen Gewinnausweis an, so ist es zielkonform, das Patent nicht zu aktivieren. Strebt sie hingegen einen möglichst hohen Gewinnausweis an, so ist es zielkonform, das Patent zu aktivieren und mit dem geringst möglichen Abschreibungsbetrag von 30 T€ abzuschreiben. Der Wertansatz beträgt dann (600 T€ - 30 T€ =) 570 T€. Steuerrechtlich darf das Patent nach § 5 Abs. 2 EStG – im Gegensatz zum Handelsrecht – nicht aktiviert werden.

f) Die KG hat die Forderung nach § 246 Abs. 1 HGB zum Bilanzstichtag zu bilanzieren und nach § 253 Abs. 1 HGB höchstens mit ihren Anschaffungskosten von 45.000 € zu bewerten. Infolge der Wechselkursänderung ist der Wert der Forderung von 45 T€ auf den Devisenkassamittelkurs von 42 T€ gesunken.

Nach dem strengen Niederstwertprinzip des § 253 Abs. 4 HGB und der Fremdwährungsumrechnung gem. § 256a HGB ist die Forderung mit diesem niedrigeren Wert anzusetzen. Dies gilt unabhängig von der bilanzpolitisch verfolgten Zielsetzung. Steuerrechtlich ist die Forderung nach § 6 Abs. 1 Nr. 2 EStG zu bewerten. Da am Bilanzstichtag vor dem Fälligkeitstag der Forderung nicht mit einer deutlichen Erholung des Dollarkurses zu rechnen ist, handelt es sich bei deren Teilwert von 42 T€ am Bilanzstichtag um einen Wert, der voraussichtlich dauerhaft unter den Anschaffungskosten liegt. Damit ist dieser Wert auch in der Steuerbilanz anzusetzen[4].

g) Von der als Aufwand verbuchten Feuerversicherungsprämie von 12 T€ entfallen 9/12tel, d. h. 9 T€, auf das Jahr 5. Für die im Voraus gezahlte Prämie ist gem. § 250 Abs. 1 HGB bzw. § 5 Abs. 5 EStG ein aktiver Posten der Rechnungsabgrenzung zu bilden. Das gilt unabhängig von der bilanzpolitisch verfolgten Zielsetzung. Der Rechnungsabgrenzungsposten kann durch folgende Buchung gebildet werden:

„Aktiver Rechnungsabgrenzungsposten 9 T€ an Versicherungsaufwand 9 T€".

Gegenüber der Y-GmbH hat die KG am Bilanzstichtag eine sonstige Forderung i. H. v. 20 T€ aus rückständiger Miete. Nach dem Vollständigkeitsgebot des § 246 Abs. 1 HGB ist diese sonstige Forderung unabhängig von dem bilanzpolitisch verfolgten Ziel zu aktivieren. Dies gilt über den Maßgeblichkeitsgrundsatz des § 5 Abs. 1 EStG auch für die Steuerbilanz.

h) Da sich die im Vorjahr vorgenommene außerplanmäßige Abschreibung bzw. Teilwertabschreibung nachträglich als nicht notwendig erweist, muss die KG im Jahre 4 nach § 253 Abs. 5 HGB diese Abschreibung durch eine Zuschreibung erfolgswirksam ausgleichen. Dies gilt nach § 6 Abs. 1 Nr. 1 Satz 4 i. V. m. Satz 1 EStG auch für die Steuerbilanz. Die Zuschreibung ist unabhängig von der bilanzpolitischen Zielsetzung vorzunehmen. Es ist also der Vorjahreswert von 49 T€ zunächst um die außerplanmäßige Abschreibung bzw. Teilwertabschreibung i. H. v. 14 T€ zu erhöhen. Der sich dann ergebende Wert ist durch die Restnutzungsdauer von 7 Jahren zu dividieren. Es ergibt sich eine Abschreibung für das Jahr 4 von 9 T€. Die Kontenentwicklung sieht – unabhängig von der bilanzpolitischen Zielsetzung – wie folgt aus:

	T€
Bilanzansatz zum 31.12.3	49
Zuschreibung	+ 14
Abschreibungsbemessungsgrundlage für das Jahr 4	63
Abschreibung für das Jahr 4 (63 : 7)	- 9
Bilanzansatz am 31.12.4	54

4 BMF-Schreiben vom 2.9.2016, BStBl 2016 I, S. 995, Tz. 16.

Zu Aufgabe 16

a) Zu versteuerndes Einkommen, Körperschaftsteuerschuld

Ausgangsgröße zur Ermittlung des zu versteuernden Einkommens ist der vorläufige Steuerbilanzgewinn von 4.240.120 €. Dieser ist (außerbilanziell) zu erhöhen um den für die Beschaffung der Kalender verbuchten Aufwand i. H. v. (50 · 60 € =) 3.000 €. Dies ergibt sich aus § 4 Abs. 5 Satz 1 Nr. 1 EStG. Auch die Geldbuße i. H. v. 250.000 € wegen wiederholter Verstöße gegen Umweltauflagen muss außerbilanziell dem vorläufigen steuerlichen Gewinn hinzugerechnet werden. Dies ergibt sich aus § 4 Abs. 5 Satz 1 Nr. 8 EStG.

Nach § 4 Abs. 5b GewStG ist die Gewerbesteuer keine Betriebsausgabe. Damit sind die als Aufwand verbuchten Gewerbesteuer-Vorauszahlungen i. H. v. 140.840 € dem vorläufigen steuerlichen Gewinn außerbilanziell wieder hinzuzurechnen. Gleiches gilt nach § 10 Nr. 2 KStG auch hinsichtlich der Körperschaftsteuer-Vorauszahlungen i. H. v. 150.400 €. Damit sind alle sich aus dem Sachverhalt ergebenden steuerlichen Gewinnkorrekturen erfasst; das zu versteuernde Einkommen ergibt sich wie folgt:

	€
Vorläufiger Steuerbilanzgewinn	4.240.120
+ Aufwand für Geschenke	3.000
+ als Aufwand verbuchte Geldbußen	250.000
+ Gewerbesteuer-Vorauszahlungen	140.840
+ Körperschaftsteuer-Vorauszahlungen	150.400
Einkommen = zu versteuerndes Einkommen	4.784.360

Durch Multiplikation des zu versteuernden Einkommens mit dem sich aus § 23 Abs. 1 KStG ergebenden Steuersatz von 15 % ergibt sich die Jahressteuerschuld der Körperschaftsteuer mit

	€
4.784.360 € · 15 % =	717.654
davon ab die geleisteten Vorauszahlungen	- 150.4000
ergibt die zu erwartende Abschlusszahlung i. H. v.	567.254

b) Gewerbeertrag, Gewerbesteuerschuld

Bemessungsgrundlage der Gewerbesteuer ist nach § 6 GewStG der Gewerbeertrag. Dieser besteht nach § 7 Satz 1 GewStG aus dem Gewinn aus dem Gewerbebetrieb, vermehrt und vermindert um die in den §§ 8 und 9 bezeichneten Beträge. Nach R 7.1 Abs. 4 Satz 2 GewStR ist der Gewinn aus dem Gewerbebetrieb einer Kapitalgesellschaft identisch mit deren körperschaftsteuerlichen zu versteuernden Einkommen. Dies ist unter a) mit 4.784.360 € ermittelt worden. Gründe für Hinzurechnungen und Kürzungen nach den §§ 8 und 9 GewStG sind lt. Sachverhalt nicht vorhanden. Danach entspricht der Gewinn aus dem Gewerbebetrieb – nach Abrundung auf 100 € gem. § 11 Abs. 1 GewStG – dem Gewerbeertrag und damit der Bemessungsgrundlage der Gewerbesteuer. Der Gewerbeertrag beträgt also 4.784.300 €.

Die Gewerbesteuer ergibt sich als das Produkt aus dem Gewerbeertrag, der Steuermesszahl gem. § 11 Abs. 1 GewStG und dem Hebesatz gem. § 16 Abs. 1 GewStG. Die Steuermesszahl beträgt nach § 11 Abs. 1 Satz 3 GewStG 3,5 %, der Hebesatz lt. Sachverhalt 410 %. Damit ergibt sich die Jahressteuerschuld der Gewerbesteuer wie folgt:

	€
Gewerbesteuer = 4.784.300 · 3,5 % · 410 % =	686.547
davon ab die geleisteten Vorauszahlungen	- 140.840
ergibt eine erwartete Nachzahlung von	545.707

c) Handelsrechtlicher Jahresüberschuss

Zur Ermittlung des handelsrechtlichen Jahresüberschusses ist von dem vorläufigen handelsrechtlichen Jahresüberschuss lt. Sachverhalt i. H. v. 4.240.120 € auszugehen. Dieser ist zu mindern um den zu erwartenden Körperschaft- und Gewerbesteueraufwand infolge der zu erwartenden Abschlusszahlungen von 576.814 € (Körperschaftsteuer) bzw. 545.715 € (Gewerbesteuer). Weitere Änderungen des Jahresüberschusses ergeben sich aus dem Sachverhalt nicht. Der Jahresüberschuss ergibt sich demnach wie folgt:

	€
Vorläufiger Jahresüberschuss	4.240.120
- erwartete Körperschaftsteuer-Abschlusszahlung = Zuführung zur Körperschaftsteuer-Rückstellung (Steueraufwand)	- 567.254
- erwartete Gewerbesteuer-Abschlusszahlung = Zuführung zur Gewerbesteuer-Rückstellung (Steueraufwand)	- 545.707
Jahresüberschuss	3.127.159

Zu Aufgabe 17

a) Steuerbilanz

Bei einem entgeltlichen Erwerb eines Betriebs sind die Wirtschaftsgüter nach § 6 Abs. 1 Nr. 7 EStG mit dem Teilwert, höchstens jedoch mit den Anschaffungs- oder Herstellungskosten anzusetzen. Der Erwerber K hat deshalb die übernommenen Wirtschaftsgüter neu zu bewerten, so dass sich zum 1.1.2 folgende Eröffnungsbilanz ergibt:

Aktiva		Bilanz des K zum 1.1.1	Passiva
	€		€
Firmenwert	740.000	Eigenkapital	4.200.000
Grund und Boden	1.500.000	Verbindlichkeiten	—
Gebäude	900.000		
Geschäftseinrichtung	100.000		
Fuhrpark	80.000		
Waren	800.000		
Sonstiges Umlaufvermögen	80.000		
	4.200.000		4.200.000

Begründung der Bilanzansätze:

Das Eigenkapital von 4,2 Mio. € resultiert aus dem gezahlten Kaufpreis für das Geschäft. Die Verbindlichkeiten sind in der Bilanz nicht enthalten, da sie vereinbarungsgemäß nicht übernommen wurden. Die Bilanzsumme der Eröffnungsbilanz beträgt demnach 4,2 Mio. €.

Die übernommenen Wirtschaftsgüter auf der Aktivseite hat K mit ihrem Teilwert zu bewerten. Die Teilwerte der Wirtschaftsgüter sind identisch mit ihren Verkehrswerten zum Erwerbszeitpunkt. So beträgt der Teilwert für den Grund und Boden 1.500.000 €, der für das Gebäude 900.000 €, der für die Geschäftseinrichtung 100.000 €, der für den Fuhrpark 80.000 €, der für die Waren 800.000 € und der für das sonstige Umlaufvermögen 80.000 €. Die Summe der Aktiva beträgt nach dieser Neubewertung 3.460.000 €. Zur Bilanzsumme von 4.200.000 € ergibt sich somit noch eine Differenz von 740.000 €. In Höhe dieses Betrags muss nach § 5 Abs. 2 EStG ein Geschäfts- oder Firmenwert aktiviert werden.

b) Handelsbilanz

Handelsbilanziell muss K nach § 253 Abs. 1 Satz 1 HGB alle im Rahmen des Betriebserwerbs entgeltlich erworbenen Vermögensgegenstände nach § 246 Abs. 1 Satz 1 HGB aktivieren und nach § 253 Abs. 1 Satz 1 HGB mit ihren Anschaffungskosten bewerten. Da diese im Rahmen des Gesamtkaufpreises von 4.200.000 € nicht aufgeschlüsselt sind, müssen sie geschätzt werden. Als einzig sachgerechte Schätzung kommt der Ansatz der Verkehrswerte zum Erwerbszeitpunkt in Betracht. Damit sind – wenn auch mit einer anderen Begründung – dieselben Werte anzusetzen wie in der Steuerbilanz. Dies gilt auch hinsichtlich der Behandlung der Differenz zwischen dem Kaufpreis des Schmuckgeschäfts und der Summe der Verkehrswerte aller einzelnen Vermögensgegenstände i. H. v. 740.000 €. Diese Differenz gilt nach § 246 Abs. 1 Satz 1 HGB als entgeltlich erworbener Geschäfts- oder Firmenwert, der nach Satz 1 dieser Norm zu aktivieren ist. Damit sind handels- und steuerrechtliche Eröffnungsbilanz identisch.

Zu Aufgabe 18

a) Steuerbilanz

Die Schenkung stellt einen unentgeltlichen Erwerb des Betriebs dar. Für die Bewertung ist steuerlich § 6 Abs. 3 EStG anzuwenden. Danach hat S die Buchwerte der V fortzuführen. Dadurch kommt es nicht zur Aufdeckung der in den Wirtschaftsgütern enthaltenen stillen Reserven. Die Verbindlichkeiten werden von S übernommen. Insgesamt kommt es deshalb zu keiner Veränderung zwischen der Schlussbilanz der V zum 31.12.1 und der Eröffnungsbilanz des S zum 1.1.2. Die Eröffnungsbilanz hat demnach folgendes Aussehen:

Aktiva	Eröffnungsbilanz des S zum 1.1.2		Passiva
	€		€
Grund und Boden	210.000	Eigenkapital	529.480
Gebäude	120.000	Verbindlichkeiten	480.520
Geschäftseinrichtung	80.000		
Fuhrpark	60.000		
Waren	480.000		
Sonstiges Umlaufvermögen	60.000		
	1.010.000		1.010.000

b) Handelsbilanz

Die für die Steuerbilanz in § 6 Abs. 3 EStG kodifizierte Bewertung ist handelsrechtlich als GoB-konform anzusehen. Damit sind die o. a. Werte auch in der handelsrechtlichen Eröffnungsbilanz des S anzusetzen.

Zu Aufgabe 19

a) Berechtigung zur Gewinnermittlung nach § 4 Abs. 3 EStG

Als selbständige diplomierte Architektin erzielt D Einkünfte aus freiberuflicher Tätigkeit i. S. d. § 18 Abs. 1 EStG. Als Freiberuflerin ist sie weder nach § 140 AO noch nach § 141 AO zur Buchführung und zur Erstellung von Jahresabschlüssen verpflichtet. Da sie auch nicht freiwillig Bücher führt und damit auch keinen Jahresabschluss erstellen kann, ist sie nach § 4 Abs. 3 EStG berechtigt, ihren Gewinn nach dieser Vorschrift zu ermitteln. Der Gewinn nach dieser Norm ist definiert als Überschuss der Betriebseinnahmen über die Betriebsausgaben.

Nachfolgend werden zunächst die Betriebseinnahmen, dann die Betriebsausgaben und abschließend der steuerliche Gewinn für das Jahr 5 ermittelt.

b) Ermittlung der Betriebseinnahmen

Zu den Betriebseinnahmen gehören alle durch die betriebliche Tätigkeit, d. h. durch die Tätigkeit als Architektin, erzeugten Einnahmen. Hierzu gehören:

	€
• die Netto-Honorareinnahmen	420.000
• die den Auftraggebern in Rechnung gestellte Umsatzsteuer	79.800
• der Nettoerlös aus der Veräußerung des Kombi	10.000
• die dem Käufer des Kombi in Rechnung gestellte Umsatzsteuer	1.900
• die von dem Finanzamt erstattete Umsatzsteuer für das Jahr 4	3.200
= Summe der Betriebseinnahmen	514.900

Einkommensteuer und Solidaritätszuschlag sind private Steuern. Erstattungen derartiger Steuern gehören somit nicht zu den Betriebseinnahmen.

c) Betriebsausgaben

Betriebsausgaben sind nach der Legaldefinition des § 4 Abs. 4 EStG die Aufwendungen, die durch den Betrieb veranlasst sind. Hierzu gehören in der im Sachverhalt genannten Höhe

	€
• die Büromiete	33.000
• die Gehälter und Gehaltsnebenkosten	240.930
• die Aufwendungen für Büromaterial, Büroreinigung, Heizung und Licht einschließlich der in diesen enthaltenen Umsatzsteuer	10.800
• die an den Autohändler im Rahmen des Kfz-Erwerbs gezahlte Umsatzsteuer	12.540
• die Kosten der Renovierung der Büroräume	17.400
• die von den Handwerkern in Rechnung gestellte Umsatzsteuer	3.306
• die Kosten der erworbenen Bilder	2.700
= Summe der unverändert aus dem Sachverhalt übernommenen Betriebsausgaben	320.676
Die Anschaffungskosten des neuen Kfz können nach § 4 Abs. 3 EStG nicht auf einmal, sondern nur im Rahmen der AfA nach § 7 EStG geltend gemacht werden. Da eine AfA nach § 7 Abs. 2 EStG lt. Sachverhalt nicht anwendbar ist, bleibt nur die Inanspruchnahme der AfA nach § 7 Abs. 1 EStG. Wird von der in der amtlichen AfA-Tabelle[5] für ein Kfz aufgeführten Nutzungsdauer von 6 Jahren ausgegangen, so beträgt die AfA für das Jahr 5 nach § 7 Abs. 1 Sätze 1 und 3 EStG (66.000 : 6 =) 11.000 €.	11.000

---

5 BMF-Schreiben vom 15.12.2000, BStBl 2000 I, S. 1532.

Abzugsfähig ist außerdem die AfA, die auf bereits in früheren Jahren angeschaffte Wirtschaftsgüter entfällt. Sie beträgt lt. Sachverhalt 17.100 €.	17.100
Alle weiteren der in der Aufstellung der D aufgeführten Ausgaben, also die Ausgaben für die Renten-, Kranken- und Pflegeversicherung der D, sind nicht betrieblich, sondern privat verursacht. Sie sind im Rahmen der Gewinnermittlung nicht abzugsfähig, können aber im Rahmen des § 10 EStG als Sonderausgaben abgezogen werden.	
Insgesamt sind also als Betriebsausgaben abzugsfähig	348.776

d) Ermittlung des steuerlichen Gewinns für das Jahr 5

	€
Der steuerliche Gewinn ergibt sich aus den Betriebseinnahmen nach b) i. H. v.	514.900
nach Abzug der Betriebsausgaben gem. c) i. H. v.	- 348.776
mit	166.124

Teil III
Substanzsteuern, Verkehrsteuern, Besteuerungsverfahren

Aufgaben zu Teil III

Aufgabe 1

Definieren bzw. erläutern Sie die nachfolgend aufgeführten Begriffe. Soweit sich diese aus Rechtsnormen ergeben, verweisen Sie bitte auf diese:

a) Gemeiner Wert, Teilwert

b) Wertpapiere und Anteile

c) Vermögensarten

d) Betriebsvermögen

e) Ertragswertverfahren, DCF-Verfahren

f) Vereinfachtes Ertragswertverfahren

g) Begünstigungsfähiges und begünstigtes Vermögen, Verwaltungsvermögen

h) Regelverschonung, Optionsverschonung

i) Grundsteuersatz

Aufgabe 2

Kreuzen Sie bitte an, ob die folgenden Aussagen richtig oder falsch sind.

Aussage	**richtig**	**falsch**
• Wertpapiere sind nach dem BewG vorrangig nach dem DCF-Verfahren zu bewerten.		
• Alle Vorschriften des BewG zur Wertermittlung gelten für das gesamte deutsche Steuerrecht.		
• Bei der Bewertung in der Steuerbilanz haben die Vorschriften des § 6 EStG Vorrang vor den Vorschriften des BewG.		
• Auf den 1.1.2022 ist sowohl eine Hauptfeststellung für die Grundsteuerwerte als auch für eine Hauptveranlagung zur Grundsteuer durchzuführen.		
• Die Wertermittlung der Grundsteuerwerte erfolgt bundesweit nach einheitlichen Kriterien.		

• Dem ErbStG unterliegen nur Erwerbe von Todes wegen.		
• Enkelkinder sind bei der Erbschaftsteuer in der Steuerklasse I zu erfassen.		
• Enkelkindern steht nach § 16 ErbStG stets ein Freibetrag von 400.000 € zu.		
• Der höchstmögliche Erbschaftsteuersatz bei einem steuerpflichtigen Erwerb durch ein Enkelkind beträgt 30 %.		
• Begünstigtes Vermögen i. S. d. ErbStG kann nur Betriebsvermögen sein.		
• Der Verschonungsabschlag beträgt stets 100 %.		
• Es gibt Fälle, in denen Vermögensvorteile früherer Erwerbe bei Ermittlung des steuerpflichtigen Erwerbs berücksichtigt werden müssen.		

Aufgabe 3

Das Stammkapital der Elnatron GmbH (GmbH) mit Sitz in Köln beträgt 10 Mio. €. Maria Gratowski (G) ist Gesellschafterin der GmbH mit einem Stammanteil von 100.000 €. Mit notariell beurkundetem Vertrag schenkt sie am 11.12. des Jahres 1 diesen Anteil ihrer Enkelin Elvira (E) zu deren achtzehntem Geburtstag. Während der letzten Monate sind von anderen Gesellschaftern der GmbH folgende Geschäftsanteile verkauft worden:

Datum	Stammanteil in €	Erlös in €	Erlös je Anteil in %
10.3.1	60.000	114.000	190
5.6.1	80.000	144.000	180
5.11.1	70.000	70.000	100
	210.000	328.000	

Der letzte Verkauf erfolgte von Gesellschafter V an seinen Sohn S.

Beurteilen Sie den geschilderten Sachverhalt bitte in schenkungsteuerlicher Hinsicht. Begründen Sie Ihre Ausführungen anhand der einschlägigen Rechtsnormen. Gehen Sie bei Ihrer Lösung davon aus, dass G ihrer Enkelin bisher nur Gelegenheitsgeschenke im üblichen Rahmen gemacht hat. Sowohl G als auch E haben ihren Wohnsitz in Köln.

Aufgabe 4

Tina Tonelli (T) erbt von ihrer am 5.4. des Jahres 1 verstorbenen Mutter Magdalena Maas (M) folgendes Vermögen:

- ein unbebautes Grundstück am Stadtrand von Koblenz,
- ein Zweifamilienhaus am Stadtrand von Koblenz,
- Hausrat,
- einen 10 Jahre alten Pkw,
- ein Aktiendepot bei der Sparkasse Koblenz und
- zwei Kontenguthaben bei der Sparkasse Koblenz.

Der Wert des unbebauten Grundstücks zum Todestag wird von dem Steuerberater S der T nach der Vorschrift des § 179 BewG mit 162.000 €, der Wert des Zweifamilienhauses wird von ihm nach § 183 Abs. 1 i. V. m. § 182 Abs. 2 BewG mit 820.000 € ermittelt.

Das Zweifamilienhaus hat im Erdgeschoss eine Wohnfläche von 110 m² und im Obergeschoss von 85 m². Das Untergeschoss wird seit Jahren von T und ihrer Familie, das Obergeschoss wurde bis zu ihrem Tode von M bewohnt. Nach dem Tode der M lässt T das bisherige Zweifamilienhaus in ein Einfamilienhaus umbauen und bewohnt es fortan mit ihrer Familie. Auf dem Grundstück lastet eine Hypothek mit einem Valutastand am Todestag der M i. H. v. 101.283 €. Weitere Verbindlichkeiten hinterlässt M nicht.

Den gemeinen Wert des geerbten Hausrats schätzt T auf 30.000 €, den des Pkw auf 6.000 €. Der Wert des Aktiendepots beträgt nach einer Depotaufstellung der Sparkasse Koblenz 415.820 €, der Gesamtwert der Kontenguthaben 181.293 €.

Außer der Tochter T hat M ihre beiden Enkelkinder Claudia (C) und Frederica (F) als Erben eingesetzt. Beide erhalten ein Aktiendepot mit einem Depotwert zum Todesstichtag von jeweils 165.300 €.

T ist am Todestag ihrer Mutter 57 Jahre, C ist 30 Jahre und F 29 Jahre alt.

Ermitteln Sie bitte die Höhe der Erbschaftsteuerschulden der drei Erbinnen und begründen Sie Ihre Ausführungen anhand der einschlägigen Rechtsnormen. Frühere Erwerbe i. S. d. § 14 ErbStG haben alle drei Erbinnen nicht erhalten.

Aufgabe 5

An der WAF-GmbH (GmbH) sind Maria Müller (M) und deren Sohn Sebastian Müller (S) zu je 50 % beteiligt. Am 10.5. des Jahres 4 verstirbt M. Alleinerbe ist ihr Sohn S.

Während der Jahre 1 bis 3 hat die GmbH folgende nach § 5 i. V. m. § 4 Abs. 1 EStG ermittelte Gewinne erzielt (Angaben in Euro):

Jahr	1	2	3
Gewinn	1.926.827	- 108.720	3.678.926

In diesen Gewinnen sind folgende Sachverhalte erfolgswirksam berücksichtigt worden:

Jahr 1

	€
Degressive AfA und Sonderabschreibungen (Bei Ansatz der linear-gleichbleibenden AfA nach § 7 Abs. 1 Satz 1 EStG hätte sich eine Abschreibung von 63.930 € ergeben)	81.420
Abschreibung auf einen derivativen Firmenwert	10.500
Ertragsteuervorauszahlungen	540.640
Erwartete Ertragsteuerabschlusszahlungen für das Jahr 1	30.820

Jahr 2

	€
Abschreibung auf einen derivativen Firmenwert	10.500
Ertragsteuervorauszahlungen	135.100
Erwartete Ertragsteuererstattungen für die Jahre 1 und 2	167.500

Im Jahre 2 hat die GmbH weder eine Sonderabschreibung noch degressive Abschreibungen vorgenommen. Die berücksichtigte Normal-AfA entspricht den Vorgaben des § 202 Abs. 1 Satz 2 Nr. 1a) Satz 3 BewG (Dies kann nicht exakt stimmen, soll hier aber aus Vereinfachungsgründen angenommen werden)

Jahr 3

	€
Abschreibung auf einen derivativen Firmenwert	10.500
Die berücksichtigte Normal-AfA entspricht den Vorgaben des § 202 Abs. 1 Satz 2 Nr. 1a) und Satz 3 BewG (aus Vereinfachungsgründen angenommen)	
Ertragsteuervorauszahlungen	0
Erwartete Ertragsteuerabschlusszahlungen (in der Form einer Zuführung zur Steuerrückstellung berücksichtigt)	1.103.400
Gewinn aus der Veräußerung eines Teilbetriebs	2.000.000

Ermitteln Sie bitte den gemeinen Wert des von S ererbten GmbH-Anteils nach dem vereinfachten Ertragswertverfahren. Begründen Sie Ihre Ausführungen anhand der einschlägigen Gesetzesnormen. Im Jahre 4 beträgt der nach § 203 Abs. 2 BewG angepasste Kapitalisierungsfaktor 13,75.

Aufgabe 6

Mit notariell beurkundetem Vertrag vom 3.11. des Jahres 3 schenkt Arnold Valentin (V) seiner Tochter Tina (T) zum 1.1. des Jahres 4 sein in Köln ansässiges Einzelunternehmen. Anhand der Jahresabschlüsse für die Jahre 1 bis 3 ermittelt der Steuerberater S den gemeinen Wert des Unternehmens zum 1.1.4 mit Hilfe des vereinfachten Ertragswertverfahrens auf 9.520.000 €. In der Schlussbilanz des Unternehmens zum 31.12.3 (= Eröffnungsbilanz zum 1.1.4) sind Bankguthaben i. H. v. 162.520 € und Bankverbindlichkeiten von 321.824 € enthalten. Ferner enthält die Bilanz Forderungen aus Lieferungen und Leistungen i. H. v. 421.632 € und Verbindlichkeiten gegenüber Lieferanten von 248.960 €. Weitere Finanzmittel enthält die Bilanz nicht. Außer den bereits im Sachverhalt benannten enthält die Bilanz keine weiteren Wirtschaftsgüter des Verwaltungsvermögens i. S. d. § 13b Abs. 4 ErbStG.

Nach intensiver Beratung mit ihrem Vater und dem Steuerberater kommt T zu dem Ergebnis, dass sie die in § 13a Abs. 10 Satz 1 BewG genannten Voraussetzungen für die Inanspruchnahme des Optionsabschlags wird einhalten können. Ob auch die Voraussetzungen der Sätze 2 und 3 der genannten Vorschrift erfüllt werden, muss noch geprüft werden. Sollte dies der Fall sein, beabsichtigt T den Optionsabschlag nach § 13a Abs. 10 Satz 1 BewG in Anspruch zu nehmen und eine entsprechende Erklärung gegenüber dem Finanzamt abzugeben.

Ermitteln Sie bitte den sich aus dem Sachverhalt ergebenden steuerpflichtigen Erwerb und die hieraus abzuleitende Schenkungsteuer. Weitere Wirtschaftsgüter hat V seiner Tochter nicht geschenkt. Er beabsichtigt, auch während der nächsten Jahre keine weiteren Schenkungen vorzunehmen. Vorerwerbe i. S. d. § 14 ErbStG haben nicht stattgefunden.

Aufgabe 7

Lisa Busoni (B) ist am 1.1.2022 Eigentümerin eines unbebauten Grundstücks in L-Stadt (Südwestfalen). Das Grundstück hat eine Fläche von 410 m². Sie beabsichtigt auf dem Grundstück ein Einfamilienhaus errichten zu lassen. Der Gutachterausschuss von L-Stadt ermittelt zum 1.1.2022 den Bodenrichtwert (§ 196 des Baugesetzbuchs) für die Straße, in der sich das Grundstück befindet, mit 170 €/m². Infolge verschiedener rechtlicher und tatsächlicher Probleme befindet sich das Grundstück am 1.1.2025 immer noch in einem unbebauten Zustand. Für das Jahr 2025 setzt der Rat der Gemeinde L-Stadt den Grundsteuer-Hebesatz für die auf dem Stadtgebiet liegenden Grundstücke mit 400 % fest.

Ermitteln Sie bitte

a) die Bemessungsgrundlage für die Grundsteuer zum 1.1.2025 und
b) die Grundsteuer, die die B im Jahre 2025 für das Grundstück zu entrichten hat.

Aufgabe 8

Walter Westerhagen (W) ist Eigentümer eines Zweifamilienhauses in W-Dorf in Westfalen. Die Wohnung im Erdgeschoss mit einer Wohnfläche von 127 m² bewohnt er seit dem Tode seiner Ehefrau allein. Das Obergeschoss mit einer Wohnfläche von 96 m² hat er seit Jahrzehnten an die Eheleute Bieker vermietet. Diese zahlen eine monatliche Kaltmiete von 6,10 €/m². Das Haus ist Anfang 1980 bezugsfertig geworden. Die Gesamtfläche des Grund und Bodens, auf dem das Gebäude steht, beträgt 573 m². Sie setzt sich aus der Fläche, auf der das Haus steht, einem Vorgarten und einem Garten zusammen. Der von dem zuständigen Gutachterausschuss ermittelte Bodenrichtwert beträgt 195 €/m². Wohnungen in W-Dorf fallen nach Feststellungen der Finanzverwaltung in die Mietniveaustufe 3 i.S. d. Anlage 39 zu dem BewG.

Ermitteln Sie bitte

a) den Grundsteuerwert des Zweifamilienhauses,
b) den Grundsteuer-Messbetrag und
c) die ab 2025 zu entrichtende Grundsteuer, unter der Voraussetzung, dass die Stadt W-Dorf in diesem Jahr für alle auf ihrem Gebiet liegenden Grundstücke einen Hebesatz von
   c1) 100 %,
   c2) 300 %,
   c3) 500 %
   festsetzt. Eine Festsetzung ist bisher noch nicht erfolgt.

Aufgabe 9

Mit notariell beurkundetem Vertrag vom 9.1. des Jahres 1 erwirbt die Nano-GmbH (GmbH) in einem Gewerbegebiet von N-Stadt ein unbebautes Grundstück zum Kaufpreis von 1 Mio. €. Im Zusammenhang mit dem Erwerb fallen 32.500 € Maklerprovision und 18.000 € Notar- und Gerichtskosten an. Während der Jahre 1 bis 3 lässt die GmbH auf dem Grundstück ein Betriebsgebäude errichten. Die gesamten Herstellungskosten betragen 8.970.486 €. Zur Errichtung des Gebäudes nimmt die GmbH Bankdarlehen i. H. v. insgesamt 5 Mio. € auf.

Ermitteln Sie bitte die Höhe der sich aus dem Sachverhalt ergebenden Grunderwerbsteuer. Das Grundstück befindet sich in einem Bundesland, das nicht nach § 105 Abs. 2a Satz 2 GG einen vom Bundesrecht abweichenden Grunderwerbsteuersatz erhebt. Begründen Sie Ihre Ausführungen bitte anhand der einschlägigen Gesetzesnormen.

Aufgabe 10

Definieren bzw. erläutern Sie bitte auf der Grundlage des deutschen Umsatzsteuerrechts die nachfolgend aufgeführten Begriffe. Soweit sich diese aus Rechtsnormen ergeben, zitieren Sie diese bitte.

a) Steuerbare Umsätze

b) Unternehmer

c) Drittlandsgebiet

d) Leistung

e) Lieferung

f) Ausfuhrlieferung, innergemeinschaftliche Lieferung

g) Vorsteuerabzug

h) Voranmeldungen, Veranlagungszeitraum, Jahressteuererklärung

i) Kleinunternehmer

Aufgabe 11

Kreuzen Sie bitte an, ob die folgenden Aussagen richtig oder falsch sind.

Aussage	**richtig**	**falsch**
• Der Umsatzsteuer unterliegen nur Lieferungen.		
• Kapitalgesellschaften sind keine Unternehmer.		
• Sonstige Leistungen i. S. d. UStG sind Leistungen, die keine Lieferungen sind.		
• Nicht steuerbare Umsätze bewirken keine Umsatzsteuerschuld.		
• Ein angestellter Lehrer ist Unternehmer i. S. d. UStG.		
• Ausfuhrlieferungen sind steuerfrei.		
• Innergemeinschaftliche Lieferungen sind steuerpflichtig.		
• Ein Verzicht auf eine Steuerbefreiung kann nicht vorteilhaft sein.		
• Steuerschuldner ist stets der Unternehmer.		
• Steuerschuldner kann auch ein Abnehmer sein.		
• Rechnungen sind von dem Unternehmer grundsätzlich zehn Jahre aufzubewahren.		

Aussage	richtig	falsch
• Voranmeldungszeitraum kann sowohl ein Kalendervierteljahr als auch ein Kalendermonat sein.		
• Die Umsatzsteuer ist stets nach den vereinbarten Entgelten zu berechnen.		
• Für Kleinunternehmer gibt es im UStG besondere Regelungen.		
• Sowohl die Einfuhrumsatzsteuer als auch die Umsatzsteuer auf den innergemeinschaftlichen Erwerb werden vom Zoll erhoben.		

Aufgabe 12

Beurteilen Sie bitte die nach deutschem Recht entstehenden umsatzsteuerlichen Folgen der nachfolgend geschilderten Sachverhalte. Begründen Sie Ihre Ausführungen anhand der einschlägigen gesetzlichen Bestimmungen.

a) Autohändler A in Aachen erwirbt am 12.5. des Jahres 1 von der C-GmbH einen gebrauchten Pkw zum Kaufpreis von 12.000 € zzgl. gesetzlicher Mehrwertsteuer. Nach einer Generalüberholung veräußert A diesen Pkw am 17.9.1 für 15.000 € netto an den belgischen Unternehmer B, der diesen seiner Tochter anlässlich ihres erfolgreichen Studienabschlusses schenkt. A fährt selbst mit dem Pkw nach Lüttich und übergibt ihn dort.

b) Die Nano-GmbH mit Sitz in Essen ermittelt für das Jahr 1 einen steuerlichen Verlust in Höhe von 5.682.936 €. Ihr Geschäftsführer G ist der Ansicht, dass die Nano-GmbH aufgrund dieses Verlustes für das Jahr 1 keine Umsatzsteuer zu zahlen habe und dass ihr die für dieses Jahr bereits gezahlte Umsatzsteuer in Höhe von 1.182.546 € vom Finanzamt zu erstatten sei.

Aufgabe 13

Die R-GmbH mit Sitz in Remscheid produziert Werkzeuge. Im Jahr 1 tätigt sie von ihrem Remscheider Werk aus folgende Lieferungen:

- Lieferungen von Werkzeugen an Abnehmer im Inland für 10.250.840 €,
- Lieferungen von Werkzeugen an Abnehmer in verschiedenen anderen Ländern der Europäischen Union für 30.690.510 €,
- Lieferungen von Werkzeugen an Abnehmer in verschiedenen Ländern außerhalb der Europäischen Union für 45.273.960 €,

- Lieferung von zwei nicht mehr benötigten Maschinen an einen brasilianischen Abnehmer für insgesamt 50.000 €.

Bei allen genannten Geldbeträgen handelt es sich um Rechnungsbeträge ohne Umsatzsteuer. Die Abnehmer (Unternehmer), die die Gegenstände für ihr Unternehmen beziehen, nehmen folgende Skontiabzüge vor:

- alle inländischen Abnehmer 2 %,
- alle ausländischen Abnehmer 3 %.

Die genannten Prozentsätze beziehen sich auf die jeweiligen Rechnungsbeträge ohne Umsatzsteuer. Alle Skontiabzüge erfolgen im Jahr 1.

Lieferanten stellen der R-GmbH insgesamt 4.780.960 € Umsatzsteuer (nach deutschem Recht) in Rechnung.

Ermitteln Sie bitte nach deutschem Umsatzsteuerrecht die sich aus dem Sachverhalt ergebenden

a) steuerbaren Umsätze,

b) steuerpflichtigen und steuerfreien Umsätze,

c) die Bemessungsgrundlage der steuerpflichtigen Umsätze und den anzuwendenden Steuersatz,

d) die abzugsfähigen Vorsteuern und

e) die Umsatzsteuerschuld für das Jahr 1.

Begründen Sie Ihre Ausführungen bitte anhand des Gesetzes.

Aufgabe 14

Die X-GmbH ist Zulieferer für die Pharmaindustrie. Sie ist außerdem Eigentümerin eines Geschäfts- und Wohnhauses in Leverkusen, das im Jahre 1 wie folgt genutzt wird:

Erdgeschoss	Büroräume der X-GmbH	345 m^2
1. Stock	Büroräume der X-GmbH	345 m^2
2. Stock	an den Steuerberater Dr. Müller für dessen Praxis vermietete Büroräume	345 m^2
3. Stock	an die Familien Kaminski, Ondracek und Olchewski vermietete Wohnungen mit insgesamt	345 m^2

Vertragsgemäß erhält die X-GmbH von Dr. Müller im Jahre 1 Mieteinnahmen i. H. v. 30.000 €, von den Familien Kaminski, Ondracek und Olchewski jeweils 6.000 €, insgesamt also 18.000 €. Es handelt sich jeweils um Nettomieten, d. h. um Mieten ohne Berücksichtigung von Umsatzsteuer. Der X-GmbH werden im Jahre 1 folgende Vorsteuern in Rechnung gestellt:

- für Renovierungsarbeiten in den selbstgenutzten Räumen, im Erdgeschoss und im 1. Stock 17.580 €
- für Dacherneuerung und Fassadenrenovierung 32.560 €

Ermitteln Sie bitte für die X-GmbH die sich aus dem Sachverhalt ergebenden

a) steuerbaren Umsätze,

b) steuerfreien und steuerpflichtigen Umsätze,

c) Umsatzsteuer-Bemessungsgrundlagen,

d) Steuersätze,

e) abzugsfähigen Vorsteuern und

f) die Umsatzsteuerschuld.

Sollte die X-GmbH über Gestaltungswahlrechte verfügen, erläutern Sie diese bitte unter b), und gehen Sie anschließend von der für die X-GmbH vorteilhaftesten Wahl aus.

Begründen Sie bitte Ihre Ausführungen und geben Sie hierbei die relevanten gesetzlichen Vorschriften des Umsatzsteuergesetzes an.

Aufgabe 15

Beurteilen Sie bitte die umsatzsteuerlichen Folgen der nachfolgenden Sachverhalte nach deutschem Recht.

a) Die Schumann & Brahms KG (KG) mit Sitz in Düsseldorf exportiert im Jahr 1 120 Konzertflügel mit einem Listenpreis (ohne Umsatzsteuer) von je 30.000 € an einen Großhändler in Japan. Die KG gewährt dem Händler einen Großabnehmerrabatt von 20 % des Listenpreises. Der Transport erfolgt in besonderen Containern der KG ab dem Hof der Werkstätte der KG in Düsseldorf. Zur Herstellung der Flügel hat die KG von Lieferanten Materialien bezogen. Die Lieferanten haben ihr insgesamt 96.384 € Vorsteuern in Rechnung gestellt.

b) Die KG ist Eigentümerin von 30 Ferienwohnungen an der deutschen Nordseeküste. Aus diesen erzielt sie im Jahr 1 von ihren Gästen Mieterlöse von 144.980 €. Handwerker haben ihr für Reparaturarbeiten an diesen Wohnungen insgesamt 9.960 € Umsatzsteuer in Rechnung gestellt.

Begründen Sie Ihre Ausführungen unter Angabe der gesetzlichen Vorschriften.

Aufgabe 16

Beurteilen Sie bitte nach deutschem Recht die umsatzsteuerlichen Folgen der nachfolgenden Sachverhalte. Begründen Sie Ihre Ausführungen bitte unter Angabe der gesetzlichen Vorschriften.

a) Die M-KG mit Sitz in München exportiert von ihrem Zweigwerk in Magdeburg aus 1.800 Spezialwerkzeuge mit einem Listenpreis (ohne Umsatzsteuer) von je 2.720 € an einen georgischen Großhändler. Sie gewährt diesem einen Großabnehmerrabatt von 25 % des Listenpreises. Zur Herstellung der Werkzeuge hat die M-KG von Lieferanten Vorprodukte bezogen. Die Lieferanten haben ihr insgesamt 273.640 € Vorsteuern in Rechnung gestellt.

b) Der Brüsseler Unternehmer U1 veräußert koreanische Fernseher an den Essener Unternehmer U2. Auf den Kaufpreis von 150.000 € gewährt U1 einen Treuerabatt von 8 %. U1 versendet die Fernseher durch Übergabe an einen Spediteur von Brüssel nach Essen.

c) Die Kölner Z-AG exportiert 2.000 Pkw mit einem Listenpreis von 45.000 € je Pkw an den französischen Großhändler (G). Ein von ihr beauftragter Spediteur befördert die Pkw von dem Werk in Köln zu dem Abnehmer in Lyon. Die Z-AG gewährt dem G einen Großabnehmerrabatt von 35 % des Listenpreises. Zur Herstellung der Pkw hat die Z-AG von Lieferanten Vorprodukte bezogen. Die Lieferanten haben ihr insgesamt 1.152.832 € Vorsteuern in Rechnung gestellt.

Aufgabe 17

Bäckermeister Hämmerle (H) ist Eigentümer eines Geschäfts- und Wohnhauses in Konstanz. Dieses wird im Jahre 1 wie folgt genutzt:

Erdgeschoss	Backstube und Verkaufsfläche für Backwaren des H	240 m²
1. Stock	Café des H	240 m²
2. Stock	an Dr. Brüderle (B) vermietete Räume	240 m²
3. Stock	Wohnung der Tochter T der Eheleute H	100 m²
3. Stock	Wohnung von H und seiner Ehefrau	100 m²

B nutzt die gemieteten Räume in vollem Umfang für seine Praxis als Allgemeinmediziner. Er führt ausschließlich Heilbehandlungen im Bereich der Allgemeinmedizin durch. Im Jahr 1 zahlt B eine Warmmiete von insgesamt 25.920 €.

Tochter T nutzt die von ihrem Vater gemietete Wohnung im dritten Stockwerk ausschließlich für Wohnzwecke ihrer eigenen Familie. Sie zahlt eine monatliche Kaltmiete von 3 €/m². Ortsüblich wäre eine Kaltmiete von 12 €/m².

Von Handwerkern wird H für Renovierungsarbeiten im Erdgeschoss ein Betrag von insgesamt 7.820 € Umsatzsteuer in Rechnung gestellt.

Ermitteln Sie bitte die sich aus dem Sachverhalt ergebenden

a) steuerbaren Umsätze,

b) steuerfreien und steuerpflichtigen Umsätze,

c) die Umsatzsteuer-Bemessungsgrundlagen und anzuwendenden Steuersätze,

d) die abzugsfähigen Vorsteuern und

e) die Umsatzsteuerschuld.

Sollte H über Gestaltungswahlrechte verfügen, erläutern Sie diese bitte unter b), und gehen Sie anschließend von der für H vorteilhaftesten Wahl aus.

Begründen Sie bitte Ihre Ausführungen und geben Sie hierbei die relevanten gesetzlichen Vorschriften an.

Aufgabe 18

Definieren bzw. erläutern Sie bitte die nachfolgend aufgeführten Begriffe. Soweit sich diese aus Rechtsnormen ergeben, zitieren Sie diese bitte.

a) Methoden der Gesetzesauslegung

b) Steuerlich relevante Grundrechte

c) wirtschaftliche Betrachtungsweise

d) Steuerverwaltungsakt

e) Untersuchungsgrundsatz und Mitwirkungspflichten des Steuerpflichtigen

f) Bestandskraft

g) Vorbehalt der Nachprüfung, vorläufige Bescheide

h) Änderungs- und Berichtigungsvorschriften

Aufgabe 19

Kreuzen Sie bitte an, ob die folgenden Aussagen richtig oder falsch sind.

Aussage	**richtig**	**falsch**
• Die grammatikalische Auslegung ist eine Auslegung, die von dem Wortlaut des Gesetzes ausgeht.		
• Der Umkehrschluss ist eine Methode der Gesetzesauslegung.		
• Im Rahmen einer Außenprüfung hat der Steuerpflichtige umfangreiche Mitwirkungspflichten.		
• In einem Feststellungsbescheid wird eine Steuerschuld festgesetzt.		
• Eine Stundung führt zum Erlöschen der Steuerschuld.		
• Unrichtige Steuerbescheide hat das Finanzamt stets zu berichtigen.		

Aussage	richtig	falsch
• Ein Einspruch ist bei dem zuständigen Finanzamt einzulegen.		
• Eine Klage ist vor dem örtlich zuständigen Finanzgericht zu erheben.		
• Ein Revisionsverfahren wird bei dem BFH durchgeführt.		
• Eine Steuerstraftat setzt Vorsatz voraus.		

Aufgabe 20

Im Rahmen einer steuerlichen Betriebsprüfung bei der Kunsthändlerin Maria Reich (M) im März des Jahres 2 stellt der Betriebsprüfer B u. a. folgenden Sachverhalt fest:

M hat am 10.11. des Jahres 1 ihrer Tochter Tina (T) 500.000 € geschenkt. T hat das Geld der M sofort wieder darlehnsweise zur Verfügung gestellt. Das Darlehen ist bis zum Tode der M unkündbar. Sicherheiten sind nicht vereinbart worden. Das Darlehen wird mit 6 % p. a. verzinst. Einen Schenkungsteuerbescheid hat das zuständige Finanzamt bis zur Aufdeckung des Sachverhalts noch nicht erstellt. B teilt den Sachverhalt umgehend dem für die Schenkungsteuer zuständigen Finanzamt mit.

Beurteilen Sie bitte den geschilderten Sachverhalt aus steuerrechtlicher Sicht.

Aufgabe 21

Der Gewerbetreibende G zahlt seinem Sohn S ein monatliches Gehalt von 6.000 €. Eine erkennbare Gegenleistung erbringt S – entgegen dem Arbeitsvertrag – nicht. S ist 25 Jahre alt und studiert im 12. Semester Bildende Kunst. Aus dem „Gehalt" bestreitet er seinen Lebensunterhalt. Überschüsse legt er auf einem Festgeldkonto an. Sie sollen ihm nach Abschluss seines Studiums als Startkapital für eine Karriere als Bildhauer dienen.

Beurteilen Sie den Sachverhalt bitte aus steuerrechtlicher Sicht.

Aufgabe 22

Die Geschwister Tina (T) und Salvatore (S) Mann sind seit dem Tode ihres Vaters Thomas alleinige Gesellschafter der Thomas Mann OHG (OHG). In dem gesonderten und einheitlichen Gewinnfeststellungsbescheid für das Jahr 1 wird der Gewinn der OHG auf 600.000 € festgestellt und den Gesellschaftern mit je 300.000 €

zugerechnet. Den Gewinnanteil von 300.000 € übernimmt das für T zuständige Finanzamt in deren Einkommensteuerbescheid. Mit ihrem Einspruch gegen diesen Bescheid wendet sich T gegen die Höhe ihres Gewinnanteils an der OHG und verlangt diesen auf 200.000 € herabzusetzen. Außerdem macht sie 10.000 € Sonderausgaben geltend, die das Finanzamt nicht anerkannt hat. Der Einspruch wird von T form- und fristgerecht eingelegt.

Nehmen Sie bitte zu dem geschilderten Sachverhalt Stellung.

Aufgabe 23

Robert Sommer (S) ist an einer Grundstücksgemeinschaft in D-Stadt beteiligt. Am 10.3. des Jahres 3 sendet das Finanzamt D-Stadt gemäß den §§ 179, 180 AO einen an die Grundstücksgemeinschaft gerichteten Feststellungsbescheid über die von der Gemeinschaft im Jahre 1 erzielten Einkünfte aus Vermietung und Verpachtung. Aus diesem ergeben sich für S anteilige Einkünfte aus Vermietung und Verpachtung i. H. v. 90.800 €. Gegen den Bescheid erhebt S keinen Einspruch. Am 18.11. des Jahres 3 sendet das Wohnsitzfinanzamt des S, das Finanzamt K-Stadt, einen an S gerichteten Einkommensteuerbescheid für das Jahr 1. In diesem sind die anteiligen Einkünfte des S aus der Grundstücksgemeinschaft mit dem von dem Finanzamt D-Stadt festgestellten Betrag von 90.800 € enthalten. Gegen diesen Bescheid erhebt S am 26.11. des Jahres 3 per Brief Einspruch. Zur Begründung führt er aus, seine Einkünfte aus der Grundstücksgemeinschaft betrügen nicht 90.800 €, sondern lediglich 12.100 €.

Nehmen Sie bitte zu dem geschilderten Sachverhalt Stellung.

Aufgabe 24

Martin Martinez (M), wohnhaft in Berlin Kreuzberg, ist ein bundesweit bekannter Popsänger. Während der Jahre 3 und 4 kann er wegen einer weltweiten Pandemie nicht als Sänger auftreten. Am 10.11. des Jahres 3 beantragt er bei dem für ihn zuständigen Finanzamt den Erlass einer Einkommensteuerschuld für das Jahr 2 i. H. v. 25.420 €. Zur Begründung führt er aus, dass er infolge der Pandemie in eine große Notlage geraten sei und über keine Mittel verfüge, die Steuerschulden zu bezahlen. Nach sorgfältiger Prüfung aller ihm bekannten Umstände entspricht der zuständige Beamte des Finanzamtes dem Erlassantrag in vollem Umfang.

Welche Rechtsfolgen ergeben sich, wenn dem Finanzamt zwei Monate nach dem Erlass bekannt wird, dass

a) M dem Finanzamt ein Wertpapierdepot in Luxemburg im Wert von rd. 3 Mio. € verschwiegen hat?

b) M zwei Wochen nach dem Erlass 3,2 Mio. € geerbt hat.

Aufgabe 25

Violetta Vinci (V) ist Eigentümerin eines Mehrfamilienhauses in Würzburg. Bei Ermittlung der im Jahre 1 für dieses Haus angefallenen Reparaturkosten unterläuft ihr ein Rechenfehler von 10.000 €. Die entsprechende Aufstellung fügt sie den Unterlagen für das Finanzamt nicht bei. Das Finanzamt übernimmt im Rahmen der Veranlagung alle Angaben der V. Durch die implizite Übernahme des von der V begangenen Rechenfehlers setzt das Finanzamt die Einkommensteuerschuld um 3.742 € zu hoch fest. Bei Ermittlung der Reparaturkosten für das Jahr 2 im Jahre 3 bemerkt V ihren im Vorjahr begangenen Rechenfehler. Sie ersucht nunmehr das Finanzamt schriftlich, den Steuerbescheid für das Jahr 1 zu berichtigen und die Steuerschuld um 3.742 € herabzusetzen. Der Einkommensteuerbescheid für das Jahr 1 ist inzwischen bestandskräftig. Er trägt weder einen Vorbehalts- (§ 164 AO), noch einen Vorläufigkeitsvermerk (§ 165 AO).

Untersuchen Sie bitte, welche Rechtsfolgen das Finanzamt aus dem geschilderten Sachverhalt zu ziehen hat.

Aufgabe 26

Luigi Busoni (B) betreibt in Bochum zwei Ristorante. Im Juni des Jahres 5 führt ein Betriebsprüfer des zuständigen Finanzamtes in dem Betrieb des B eine Betriebsprüfung für die Jahre 1 bis 3 durch. Hierbei stellt er fest, dass B während des gesamten Prüfungszeitraums seine Betriebseinnahmen systematisch nur unvollständig erfasst hat. B bestreitet dies zunächst vehement. Auf Anraten seines neuen Steuerberaters kooperiert er aber schließlich mit dem Finanzamt. Gemeinsam schätzen Betriebsprüfer und Steuerberater nunmehr die nicht erfassten Betriebseinnahmen auf jährlich 100.000 €. Hierdurch ist die Einkommensteuer um jährlich 42.000 € verkürzt worden. B stimmt der Schätzung letztlich – wenn auch nur äußerst widerwillig – zu. Die bisherigen Einkommensteuerbescheide für die Jahre 1 bis 3 sind alle bestandkräftig. Sie tragen weder einen Vorbehalts- (§ 164 AO), noch einen Vorläufigkeitsvermerk (§ 165 AO).

Prüfen Sie bitte, welche Folgerungen das Finanzamt aus dem geschilderten Sachverhalt zu ziehen hat.

Aufgabe 27

Mit Kaufvertrag vom 28.12. des Jahres 1 verkauft Kunstmaler V ein von ihm gemaltes Bild für 30.000 € an den Kunstsammler E. Den Kaufpreis entrichtet E am 3.1. des Jahres 2 in bar. An demselben Tag übergibt V das Bild an E. Der mit der Erledigung seiner Steuerangelegenheiten beauftragte Steuerberater S erfasst den Kaufpreis im Rahmen der von ihm erstellten Einnahmen-Überschussrechnung gem. § 4 Abs. 3 EStG für das Jahr 1. Das Finanzamt folgt der von S erstellten Steuererklärung des V. Hierdurch wird der Kaufpreis von 30.000 € letztlich in dem zu versteuernden Einkommen des V für das Jahr 1 erfasst.

Im Rahmen einer Betriebsprüfung bei V im Jahre 6 für die Jahre 2 bis 5 kommt der Prüfer zu dem Ergebnis, dass der Erlös von 30.000 € für das Bild nicht im Veranlagungszeitraum des Jahres 1, sondern in dem des Jahres 2 zu erfassen sei. Der Veranlagungssachbearbeiter des Finanzamts folgt dieser Rechtsansicht des Betriebsprüfers und erlässt für das Jahr 2 einen nach § 173 Abs. 1 Nr. 1 AO geänderten Einkommensteuerbescheid, in dem der Verkaufserlös erfasst ist. Den Einkommensteuerbescheid für das Jahr 1 ändert er nicht.

Mit Schreiben vom 10.11. des Jahres 6 ersucht der Steuerberater des V das Finanzamt, den Verkaufserlös nur einmal, und zwar entweder im Jahre 1 oder 2 zu erfassen.

Untersuchen Sie bitte den geschilderten Sachverhalt in rechtlicher Hinsicht und ermitteln Sie, welche Folgerungen das Finanzamt zu ziehen hat.

Aufgabe 28

Mit Feststellungsbescheid vom 10.2.3 stellt das Betriebsstättenfinanzamt der A & B-KG den Gewinnanteil des Kommanditisten B für das Jahr 1 mit 41.500 € fest. Das Wohnsitzfinanzamt des B übernimmt diesen Gewinnanteil in den Einkommensteuerbescheid vom 10.5.3 des B für das Jahr 1. Am 15.4.4 ändert das Betriebsstättenfinanzamt den Gewinnfeststellungsbescheid und stellt den Gewinnanteil des B für das Jahr 1 nunmehr mit 121.500 € fest. Aufgrund einer entsprechenden Mitteilung des Betriebsstättenfinanzamts übernimmt das Wohnsitzfinanzamt am 30.9.4 den geänderten Gewinnanteil in einen nach § 175 AO geänderten Einkommensteuerbescheid. Außerdem korrigiert das Wohnsitzfinanzamt bei dieser Gelegenheit einen Rechtsfehler, d. h. eine rechtlich falsche Beurteilung, die ihm in dem ursprünglichen Einkommensteuerbescheid unterlaufen war. Hierdurch erhöhen sich die Einkünfte aus Vermietung und Verpachtung des B um weitere 10.520 €. Der ursprüngliche Einkommensteuerbescheid trägt weder einen Vorbehalts- (§ 164 AO), noch einen Vorläufigkeitsvermerk (§ 165 AO).

Beurteilen Sie bitte, ob der von dem Wohnsitzfinanzamt ergangene geänderte Einkommensteuerbescheid rechtens ist und wie B ggf. gegen ihn vorgehen kann.

Aufgabe 29

Nach Bestandskraft des an A gerichteten Einkommensteuerbescheids für das Jahr 1 entdeckt das zuständige Finanzamt neue Tatsachen, deren Berücksichtigung eine Erhöhung der Steuerschuld um 4.480 € zur Folge hätte. Gelichzeitig entdeckt es einen Rechtsfehler, dessen Berichtigung eine Minderung der Steuerschuld um 10.190 € bewirken würde. Prüfen Sie bitte die Rechtsfolgen dieses Sachverhalts.

Aufgabe 30

Der an den Steuerpflichtigen S gerichtete Einkommensteuerbescheid für das Jahr 1 geht am Dienstag, dem 4.6. des Jahres 3 mit einfachem Brief zur Post. Es ist das Ende der Einspruchsfrist zu ermitteln.

Lösungen zu den Aufgaben von Teil III

Zu Aufgabe 1

a) Gemeiner Wert, Teilwert

Der gemeine Wert (= allgemeiner Wert) ist nach § 9 Abs. 1 BewG bei der Bewertung dann anzusetzen, wenn nicht nach einer Spezialvorschrift ein anderer Wert anzusetzen ist. Nach § 9 Abs. 2 BewG wird er durch den Preis bestimmt, der im gewöhnlichen Geschäftsverkehr nach der Beschaffenheit des Wirtschaftsgutes bei einer Veräußerung zu erzielen wäre. Dabei sind alle Umstände, die den Preis beeinflussen, zu berücksichtigen. Ungewöhnliche oder persönliche Verhältnisse sind nicht zu berücksichtigen. Bei dem gemeinen Wert handelt es sich also um einen fiktiven Einzelveräußerungspreis.

Wirtschaftsgüter, die einem Unternehmen dienen, sind nach § 10 Satz 1 BewG, soweit nichts anderes vorgeschrieben ist, mit ihrem Teilwert zu bewerten. Teilwert ist nach § 10 Satz 2 BewG der Betrag, den ein Erwerber des ganzen Unternehmens im Rahmen des Gesamtkaufpreises für das einzelne Wirtschaftsgut ansetzen würde. Dabei ist davon auszugehen, dass der Erwerber das Unternehmen fortführt. Der Teilwert ist also im Rahmen eines fiktiven Kaufpreises eines Unternehmens der anteilige Wert, der einem einzelnen Wirtschaftsgut des Unternehmens zugeordnet werden kann.

b) Wertpapiere und Anteile

Wertpapiere sind Urkunden, die ein Vermögensrecht verbriefen. Die Geltendmachung und Verwirklichung des Rechts sind vom Besitz der Urkunde abhängig. Als Anteile werden Anteilsrechte (z. B. an einer GmbH) bezeichnet, die nicht in Wertpapieren verbrieft sind. Die Begriffe „Wertpapiere“ und „Anteile“ überschneiden sich. Es gibt Wertpapiere, in denen Vermögensrechte, aber keine Anteilsrechte verbrieft sind (z. B. festverzinsliche Wertpapiere). Ferner gibt es Wertpapiere, die Anteilsrechte verbriefen (z. B. Aktien). Schließlich gibt es nicht in Wertpapieren verbriefte Anteilsrechte (z. B. GmbH-Anteile). Dabei handelt es sich nur um Anteile.

c) Vermögensarten

Das BewG unterscheidet zwischen den Vermögensarten

- Land- und forstwirtschaftliches Vermögen (§§ 33 – 67 BewG),
- Grundvermögen (§§ 68 – 94 BewG) und
- Betriebsvermögen (§§ 95 – 109 BewG).

d) Betriebsvermögen

Das Betriebsvermögen umfasst gem. § 95 Abs. 1 BewG alle Teile eines Gewerbebetriebs i. S. d. § 15 Abs. 1 und 2 EStG, die bei der steuerlichen Gewinnermittlung zum Betriebsvermögen gehören.

e) Ertragswertverfahren, DCF-Verfahren

Die beiden Verfahren sind Verfahren zur Ermittlung des Werts eines Unternehmens bzw. des Werts eines Unternehmensanteils. Sie sind in der deutschsprachigen Betriebswirtschaftslehre (Ertragswertverfahren) bzw. der angelsächsischen Managementlehre (DCF-Verfahren) entwickelt worden. Nach § 11 Abs. 2 Satz 2 BewG i. V. m. § 12 Abs. 1 ErbStG sind sie zur Ermittlung des Werts eines aus einem Betriebsvermögen bzw. einem Anteil an einem Unternehmen bestehenden erbschaft- bzw. schenkungsteuerpflichtigen Erwerbs geeignet. Voraussetzung ist, dass sich der Wert weder aus einem Börsenkurs noch aus Verkäufen von Anteilen an fremde Dritte ableiten lässt.

f) Vereinfachtes Ertragswertverfahren

Anstelle des Ertragswertverfahrens oder des DCF-Verfahrens kann der Steuerpflichtige zur Ermittlung eines Unternehmenswerts bzw. des Werts eines Unternehmensanteils das in den §§ 199 – 203 BewG kodifizierte vereinfachte Ertragswertverfahren anwenden.

g) Begünstigungsfähiges und begünstigtes Vermögen, Verwaltungsvermögen

Beim Erwerb von Betriebsvermögen infolge einer Erbschaft bzw. Schenkung unterscheidet das ErbStG zwischen dem begünstigungsfähigen und dem begünstigten Vermögen sowie dem Verwaltungsvermögen. Das begünstigungsfähige Vermögen ist in § 13b Abs. 1 ErbStG, das begünstigte in § 13 Abs. 2 ErbStG und das – nicht begünstigte – Verwaltungsvermögen in § 13b Abs. 4 ErbStG definiert.

h) Regelverschonung, Optionsverschonung

Hinsichtlich der Begünstigung des bei der Erbschaft- bzw. Schenkungsteuer nach § 13b Abs. 2 ErbStG begünstigten Vermögens unterscheidet § 13a ErbStG zwischen der Regel- und der Optionsverschonung. Bei der Regelverschonung beträgt nach § 13a Abs. 1 Satz 1 ErbStG der Verschonungsabschlag 85 %, bei der Optionsverschonung hingegen beträgt er nach § 13a Abs. 10 ErbStG 100 %.

i) Grundsteuersatz

Der Grundsteuersatz ergibt sich als das Produkt aus der Steuermesszahl (§§ 13 – 15 GrStG) und dem Hebesatz der Gemeinden (§ 25 GrStG). Die Steuermesszahl beträgt nach der ab 2025 gültigen Rechtslage nach § 15 GrStG je nach Grundstücksart 0,34 Promille oder 0,31 Promille. Der Hebesatz wird nach § 25 Abs. 1 GrStG von der jeweiligen Gemeinde bestimmt.

Zu Aufgabe 2

Aussage	**richtig**	**falsch**
• Wertpapiere sind nach dem BewG vorrangig nach dem DCF-Verfahren zu bewerten.		X
• Alle Vorschriften des BewG zur Wertermittlung gelten für das gesamte deutsche Steuerrecht.		X
• Bei der Bewertung in der Steuerbilanz haben die Vorschriften des § 6 EStG Vorrang vor den Vorschriften des BewG.	X	
• Auf den 1.1.2022 ist sowohl eine Hauptfeststellung für die Grundsteuerwerte als auch für eine Hauptveranlagung zur Grundsteuer durchzuführen.		X
• Die Wertermittlung der Grundsteuerwerte erfolgt bundesweit nach einheitlichen Kriterien.		X
• Dem ErbStG unterliegen nur Erwerbe von Todes wegen.		X
• Enkelkinder sind bei der Erbschaftsteuer in der Steuerklasse I zu erfassen.	X	
• Enkelkindern steht nach § 16 ErbStG stets ein Freibetrag von 400.000 € zu.		X
• Der höchstmögliche Erbschaftsteuersatz bei einem steuerpflichtigen Erwerb durch ein Enkelkind beträgt 30 %.	X	
• Begünstigtes Vermögen i. S. d. ErbStG kann nur Betriebsvermögen sein.		X
• Der Verschonungsabschlag beträgt stets 100 %.		X

Aussage	richtig	falsch
• Es gibt Fälle, in denen Vermögensvorteile früherer Erwerbe bei Ermittlung des steuerpflichtigen Erwerbs berücksichtigt werden müssen.	X	

Zu Aufgabe 3

Die Zuwendung der Großmutter an E unterliegt gem. § 1 Abs. 1 Nr. 2 i. V. m. § 7 Abs. 1 Nr. 1 ErbStG der Schenkungsteuer. Eine unbeschränkte Steuerpflicht besteht nach § 2 Abs. 1 Nr. 1 ErbStG, da Schenkerin und Beschenkte ihren Wohnsitz im Inland haben. Die Steuer entsteht mit dem Zeitpunkt der Ausführung der Zuwendung gem. § 9 Abs. 1 Nr. 2 ErbStG. Dieser Zeitpunkt ist auch für die Wertermittlung maßgebend (§ 11 ErbStG). GmbH-Anteile sind für schenkungsteuerliche Zwecke mit ihrem gemeinen Wert zu bewerten (§ 12 Abs. 2 ErbStG i. V. m. § 11 Abs. 2 BewG). Der gemeine Wert ist – wenn möglich – aus Verkäufen unter fremden Dritten abzuleiten. Der Verkaufspreis des Anteils von V an seinen Sohn erfüllt diese Bedingung nicht. Dieser Verkauf ist daher nach § 9 Abs. 2 BewG bei der Ermittlung des gemeinen Werts außer Acht zu lassen. Als gemeiner Wert kann der gewogene Durchschnittserlös aus den übrigen Verkäufen angesehen werden. Die zugehörige Summe der Stammanteile beträgt (60.000 + 80.000 =) 140.000 €, die Summe der Erlöse (114.000 + 144.000 =) 258.000 €. Damit beträgt der gemeine Wert (258.000 : 140.000 ≈) 184,286 % des Nominalwerts eines Anteils, im konkreten Fall also (100.000 € · 184,286 % =) 184.286 €. In dieser Höhe wird E also durch die Schenkung ihrer Großmutter G bereichert. Steuerbefreiungen nach § 13a f. ErbStG zeigen sich nicht, da die Anteilshöhe lediglich 1 % des Stammkapitals beträgt und kein Hinweis auf eine bestehende Poolvereinbarung i. S. d. § 13b Abs. 1 Nr. 3 ErbStG gegeben wird. Eine weitere Bereicherung der E durch G erfolgt nicht. Frühere Erwerbe i. S. d. § 14 BewG haben nicht stattgefunden, da bisher nur übliche Gelegenheitsgeschenke erfolgt sind, die nach § 13 Abs. 1 Nr. 14 ErbStG steuerfrei bleiben. Damit beträgt der steuerpflichtige Erwerb der E 184.286 €. Dieser liegt unterhalb des sich aus § 16 Abs. 1 Nr. 3 i. V. m. § 15 Abs. 1 Nr. 3 ErbStG ergebenden Freibetrags von 200.000 €. Schenkungsteuer fällt somit nicht an.

Zu Aufgabe 4

a) Allgemeines

Zur Ermittlung der Erbschaftsteuerschulden ist zunächst für jede der drei Erbinnen deren steuerpflichtiger Erwerb (§ 10 ErbStG) zu ermitteln. Hierbei braucht die Berechnung für die beiden Enkelkinder der M nur einmal zu erfolgen, da beide Vermögen gleicher Art und gleicher Höhe erben. Anschließend sind die anzuwendenden Steuersätze zu bestimmen. In diesem Zusammenhang ist ggf. die Milderungsregelung des § 19 Abs. 3 ErbStG zu berücksichtigen. Das Produkt aus steuerpflichtigem Erwerb und Steuersatz ergibt die Steuerschuld.

Zur Anwendung einzelner Steuerbefreiungsvorschriften ist die Kenntnis der anzuwendenden Steuerklasse erforderlich. Deshalb ist es sinnvoll, diese bereits hier unter „Allgemeines" zu bestimmen. Alle drei Erbinnen unterliegen nach § 15 Abs. 1 ErbStG der Steuerklasse I, und zwar T als Tochter der M nach Nr. 2 und C und F als Abkömmlinge der T nach der Nr. 3 der genannten Rechtsnorm.

b) Ermittlung der Steuerschuld der T

Der Wert des steuerpflichtigen Erwerbs der T setzt sich wie folgt zusammen:

	€
• Wert des unbebauten Grundstücks gem. § 179 BewG	162.000
• Zweifamilienhaus, kein Ansatz, da nach § 13 Abs. 1 Nr. 4c ErbStG steuerbefreit	-
• Hausrat, kein Ansatz, da nach § 13 Abs. 1 Nr. 1a) ErbStG steuerbefreit	-
• Pkw kein Ansatz, da nach § 13 Abs. 1 Nr. 1b) steuerbefreit	-
• Börsenkurswert des Aktiendepots gem. § 12 Abs. 1 ErbStG i. V. m. § 11 Abs. 1 BewG	415.820
• Kontenguthaben gem. § 12 Abs. 1 ErbStG i. V. m. § 9 Abs. 1 BewG	181.293
Der Besteuerung unterliegendes Vermögen vor Abzug der Nachlassverbindlichkeiten	759.113
Hiervon sind als Nachlassverbindlichkeiten abzugsfähig	
• Valutastand des Hypothekendarlehns gem. § 10 Abs. 5 Nr. 1 ErbStG	- 101.283
• Pauschalierte Bestattungskosten usw. gem. § 10 Abs. 5 Nr. 3 ErbStG	- 10.300
Steuerpflichtiger Erwerb	647.530
- Freibetrag gem. § 16 Abs. 1 Nr. 2 ErbStG	- 400.000
- Abrundung gem. § 10 Abs. 1 Satz 6 ErbStG	- 30
Steuerpflichtiger Erwerb	247.500

Der besondere Versorgungsfreibetrag gem. § 17 Abs. 2 ErbStG kommt nicht zur Anwendung, da T das 27. Lebensjahr vollendet hat.

Auf den steuerpflichtigen Erwerb ist der sich aus § 19 Abs. 1 ErbStG ergebende Steuersatz für Erwerbe in der Steuerklasse I anzuwenden. Er beträgt 11 %. Die Steuerschuld beträgt demnach (247.500 · 11 % =) 27.225 €. Die Milderungsregelung des § 19 Abs. 3 ErbStG führt zu keinem anderen Ergebnis. Die Erbschaftsteuerschuld der T beträgt mithin 27.225 €.

c) Ermittlung der Erbschaftsteuerschulden der Enkelkinder C und F

Bei beiden Enkelkindern ist der gemeine Wert ihres ererbten Vermögens mit jeweils 165.300 € geringer als der ihnen nach § 16 Abs. 1 Nr. 3 ErbStG zustehende Freibetrag von 200.000 €. Damit fällt bei beiden Enkelkindern keine Erbschaftsteuer an.

Zu Aufgabe 5

a) Erläuterung der Vorgehensweise

Zur Ermittlung des gemeinen Werts des ererbten Anteils an der GmbH ist nach § 200 Abs. 1 BewG zunächst der erzielbare Jahresertrag i. S. d. § 201 und § 202 BewG zu ermitteln. Dieser ist mit dem sich aus § 203 BewG ergebenden Kapitalisierungsfaktor zu multiplizieren.

Zur Ermittlung des erzielbaren Jahresertrages ist nach § 201 Abs. 1 i. V. m. Abs. 2 BewG von den in der Vergangenheit tatsächlich erzielten Betriebsergebnissen der letzten drei Jahre vor dem Erbfall, hier also von den Betriebsergebnissen der Jahre 1 bis 3, auszugehen. Ausgangswert zur Ermittlung des Betriebsergebnisses eines Jahres ist der nach § 4 Abs. 1 EStG ermittelte steuerliche Gewinn. Hinzuzurechnen sind die sich aus § 202 Abs. 1 Satz 2 Nr. 1 BewG ergebenden Beträge, abzurechnen die sich aus der Nr. 2 derselben Rechtsnorm ermittelbaren Beträge. Der Ertragsteueraufwand wird hiernach nicht in der verbuchten Höhe, sondern nach § 202 Abs. 3 BewG pauschal in einer Höhe von 30 % des Betriebsergebnisses berücksichtigt.

b) Ermittlung der Betriebsergebnisse

Jahr 1	€	€
Nach § 4 Abs. 1 EStG ermittelter Gewinn		1.926.827
+ degressive AfA	+ 81.420	
- lineare AfA	- 63.930	
+ AfA Firmenwert	+ 10.500	
Saldo AfA	+ 27.990	+ 27.990
+ Ertragsteuervorauszahlungen	+ 540.640	
+ als Aufwand verbuchte erwartete Ertragsteuerabschlusszahlungen	+ 30.820	
verbuchter Ertragsteueraufwand	+ 571.460	+ 571.460
Bruttobetriebsergebnis		2.526.277
- pauschaler Ertragsteueraufwand gem. § 202 Abs. 3 BewG		
2.526.277 · 30 %		- 757.883
Betriebsergebnis des Jahres 1		1.768.394

Jahr 2	€	€
Nach § 4 Abs. 1 EStG ermittelter Gewinn		- 108.720
+ AfA Firmenwert		+ 10.500
+ Ertragsteuervorauszahlungen	+ 135.100	
- erwartete Ertragsteuererstattungen	- 167.500	
Saldo Ertragsteuern	- 32.400	- 32.400
Bruttobetriebsergebnis		- 130.620
- pauschaler Ertragsteueraufwand gem. § 202 Abs. 3 BewG		0
Betriebsergebnis des Jahres 2		- 130.620

Aus den Erläuterungen im Sachverhalt zu den Abschreibungen ist zu folgern, dass – mit Ausnahme der AfA auf den Firmenwert – keine durch Abschreibungen verursachte Hinzurechnungen und Kürzungen gem. § 202 Abs. 1 Satz 2 BewG vorzunehmen sind.

Jahr 3	€
Nach § 4 Abs. 1 EStG ermittelter Gewinn	3.678.926
+ AfA Firmenwert	+ 10.500
+ Ertragsteuervorauszahlungen	0
+ erwartete Ertragsteuerabschlusszahlungen	+ 1.103.400
- Gewinn aus Veräußerung eines Teilbetriebs	- 2.000.000
Bruttobetriebsergebnis	2.792.826
- pauschaler Ertragsteueraufwand gem. § 202 Abs. 3 BewG (2.792.826 · 30 % =)	- 837.848
Betriebsergebnis des Jahres 3	1.954.978

Auch im Jahre 3 sind lt. Sachverhalt – mit Ausnahme der AfA auf den Firmenwert – keine durch Abschreibungen verursachte Hinzurechnungen und Kürzungen gem. § 202 Abs. 1 Satz 2 BewG vorzunehmen.

c) Ermittlung des erzielbaren Jahresertrages und des Werts des Anteils

Der erzielbare Jahresertrag (§ 200 Abs. 1 BewG) ergibt sich als Durchschnittswert der Betriebsergebnisse der Jahre 1 bis 3 mit

$$\frac{1.768.394 - 130.620 + 1.954.978}{3} = 1.197.584\ €.$$

Er beträgt also 1.197.584 €. Durch Multiplikation mit dem sich nach § 203 BewG für das Jahr 4 ergebenden angepassten Kapitalisierungsfaktor von 13,75 beträgt der gemeine Wert der Summe aller GmbH-Anteile

$$1.197.584 \cdot 13{,}75 = 16.466.780\ €.$$

Der Wert des geerbten Anteils beträgt 50 % dieses Betrages, d. h. (16.466.780 : 2 =) 8.233.390 €.

Zu Aufgabe 6

Die Schenkung des Unternehmens durch V an seine Tochter T stellt einen steuerpflichtigen Erwerb i. S. d. § 1 Abs. 1 Nr. 2 i. V. m. § 7 Abs. 1 Nr. 1 ErbStG dar. Als steuerpflichtiger Erwerb gilt nach § 10 Abs. 1 Satz 1 ErbStG die Bereicherung der T, soweit die Bereicherung nicht steuerfrei ist. Bei dem Unternehmen handelt es sich um inländisches Betriebsvermögen, das nach § 12 Abs. 1 ErbStG i. V. m. § 9 Abs. 1 BewG mit seinem gemeinen Wert zu bewerten ist. Dieser kann nach § 199 Abs. 2 BewG mit Hilfe des vereinfachten Ertragswertverfahrens (§ 200 BewG) ermittelt werden. Dies ist durch den Steuerberater S bereits geschehen. Lt. Sachverhalt hat dieser den gemeinen Wert des Unternehmens mit 9.520.000 € ermittelt. Von diesem Wert soll nachfolgend ausgegangen werden.

Das Einzelunternehmen gehört zu dem begünstigungsfähigen Vermögen i. S. d. § 13b Abs. 1 Nr. 2 ErbStG. Soweit sein gemeiner Wert den um das unschädliche Verwaltungsvermögen gekürzten Nettowert übersteigt, handelt es sich um begünstigtes Vermögen i. S. d. § 13b Abs. 2 Satz 1 ErbStG. Das Verwaltungsvermögen ist in § 13b Abs. 4 ErbStG definiert. Im konkreten Fall besteht es ausschließlich aus Finanzmitteln i. S. d. Nr. 5 der genannten Rechtsnorm. Diese setzen sich wie folgt zusammen:

	€	€
Bankguthaben	162.520	
- Bankverbindlichkeiten	- 321.824	
Zahlungsmittel	- 159.304	- 159.304
+ Forderungen aus Lieferungen und Leistungen	+ 421.632	
- Verbindlichkeiten gegenüber Lieferanten	- 248.960	
	172.672	+ 172.672
Verwaltungsvermögen		+ 13.368

Der Nettowert des Verwaltungsvermögens beträgt also 13.368 € und der um diesen Wert gekürzte gemeine Wert des Betriebsvermögens (9.520.000 - 13.368 =) 9.506.632 €. Der Quotient aus dem Nettowert des Verwaltungsvermögens (13.368 €) und dem um diesen Wert gekürzten gemeinen Wert des Betriebsvermögens (9.506.632 €) beläuft sich auf (13.368 : 9.506.632 =) rd. 0,14 %. Dies ist weniger als der in § 13b Abs. 7 Satz 1 ErbStG genannte Betrag von 10 %. Damit wird das Verwaltungsvermögen als unschädliches Verwaltungsvermögen nach § 13b Abs. 7 Satz 1 ErbStG wie begünstigtes Vermögen behandelt. Damit gehört der gesamte steuerpflichtige Erwerb der T i. H. v. 9.520.000 € zu dem begünstigten Vermögen.

Da das begünstigte Vermögen mit 9.520.000 € geringer ist als der in § 13a Abs. 1 Satz 1 ErbStG genannte Betrag von 26 Mio.€, ist es zu 85 % steuerfrei (Verschonungsabschlag). Nach § 13a Abs. 10 Satz 1 ErbStG kann T aber auch erklären, dass sie den in dieser Rechtsnorm genannten Optionsabschlag von 100 % in Anspruch nehmen will. Voraussetzung ist nach § 13a Abs. 10 Satz 2 ErbStG, dass das begünstigungsfähige Vermögen (9.520.000 €) zu nicht mehr als 20 % aus Verwaltungsvermögen (13.368 €) besteht. Dies ist offensichtlich der Fall. Damit kann T für ihren gesamten steuerpflichtigen Erwerb den Optionsabschlag von 100 % in Anspruch nehmen, d. h. der gesamte steuerpflichtige Erwerb bleibt steuerfrei. Schenkungsteuer entsteht somit nicht. Nach dem Sachverhalt ist davon auszugehen, dass T die zur Inanspruchnahme des Optionsabschlags erforderliche Erklärung abgeben wird.

Zu Aufgabe 7

a) Bemessungsgrundlage

Zur Ermittlung der Grundsteuer ist nach § 13 Satz 1 GrStG von einem Steuermessbetrag auszugehen. Dieser ist nach Satz 2 der genannten Vorschrift durch Multiplikation eines Promillesatzes, der Steuermesszahl, mit dem Grundsteuerwert zu ermitteln. Die Steuermesszahl für unbebaute Grundstücke beträgt nach § 15 Abs. 1 Nr. 1 GrStG 0,34 Promille. Der Grundsteuerwert unbebauter Grundstücke ist nach § 247 Abs. 1 Satz 1 BewG das Produkt aus der Fläche des Grundstücks und dem für dieses ermittelten Bodenrichtwert (§ 196 des Baugesetzbuches). Die Fläche beträgt lt. Sachverhalt 410 m², der Bodenrichtwert 170 €/m². Hieraus ergibt sich zum 1.1.2022 ein Grundsteuerwert von (410 m² · 170 €/m² =) 69.700 €. Dieser Wert ist nach § 266 Abs. 1 i. V. m. § 221 BewG vom Finanzamt im Rahmen der Hauptfeststellung zum 1.1.2022 förmlich festzustellen. Dieser Wert ist auch am 1.1.2025 noch maßgeblich, da sich an der Einstufung des Grundstücks als unbebaut bis zu diesem Stichtag nichts geändert hat. Durch Multiplikation des Grundsteuerwerts mit der oben genannten Steuermesszahl von 0,34 Promille ergibt sich ein Grundsteuer-Messbetrag von (0,34 ‰ · 69.700 € =) 23,69 €. Dieser stellt die Bemessungsgrundlage der Grundsteuer dar. Er ist im Rahmen der Hauptveranlagung zum 1.1.2025 (§ 221 BewG) nach § 16 Abs. 1 und § 36 Abs. 1 GrStG i. V. m. § 179 AO von dem zuständigen Finanzamt förmlich festzustellen.

b) Grundsteuer

Die Grundsteuer ist nach § 13 Abs. 1 i. V. m. § 25 Abs. 1 GrStG das Produkt aus dem Grundsteuermessbetrag von 23,69 € und dem von der Stadt L-Stadt festgelegten Hebesatz (hier 400 %). Sie beträgt demnach (23,69 € · 400 % =) 94,76 €. Sie ist von der Gemeinde L-Stadt in einem Grundsteuerbescheid festzusetzen und der B nach den entsprechenden Vorschriften der AO bekannt zu geben.

Zu Aufgabe 8

a) Ermittlung des Grundsteuerwertes

Das hier zu bewertende Zweifamilienhaus liegt in Westfalen und damit in einem Landesteil von Nordrhein-Westfalen. Dieses Bundesland hat für die Ermittlung der Grundsteuerwerte keine vom Bundesrecht abweichende Regelung getroffen. Damit hat die Bewertung des Zweifamilienhauses ausschließlich nach Bundesrecht zu erfolgen.

Das bebaute Grundstück gehört zu der Grundstücksart *Zweifamilienhäuser* i. S. d. Absätze 1 und 3 des § 249 BewG. Gem. § 250 Abs. 2 Nr. 2 BewG ist es mit dem Ertragswertverfahren zu bewerten. Nach diesem Verfahren setzt sich der Grundsteuerwert gem. § 252 BewG aus der Summe des kapitalisierten Reinertrags nach § 253 BewG und des abgezinsten Bodenwerts nach § 257 BewG zusammen.

Zur Ermittlung des kapitalisierten Reinertrags ist gem. § 253 Abs. 1 Satz 1 BewG vom Reinertrag des Grundstücks auszugehen. Dieser ergibt sich nach Satz 2 der genannten Norm aus dem nach § 254 BewG ermittelten Rohertrag des Grundstücks abzüglich der nach § 255 BewG zu ermittelnden Bewirtschaftungskosten.

Der Rohertrag des Grundstücks wird in § 254 BewG typisiert. Zu seiner Ermittlung differenziert die genannte Norm i. V. m. Anlage 39 zum BewG die monatliche Nettokaltmiete nach Land, Gebäudeart, Wohnfläche und Baujahr des Gebäudes. Bei einem Zweifamilienhaus ist jede der beiden Wohnungen gesondert zu betrachten, da die Höhe der typisierten Kaltmiete u. a. von der Wohnungsgröße abhängt. Beide Wohnungen liegen im Land NRW, fallen unter die Baujahresklasse 1979 bis 1990, sind Teil eines Zweifamilienhauses und unterscheiden sich in den Wohnflächenklassen. Die Wohnung im Erdgeschoss (Wohnung 1) fällt in die Wohnflächenklasse „Wohnfläche von 100 m² und mehr", die Wohnung im Obergeschoss (Wohnung 2) hingegen in die Klasse „Wohnfläche von 60 m² bis unter 100 m²". Unter Berücksichtigung der genannten Klassifizierungen ergibt sich für Wohnung 1 eine monatliche Nettokaltmiete von 5,02 €/m² und für Wohnung 2 von 5,62 €/m². Die von dem Mieter tatsächlich gezahlten Kaltmieten sind für die Bewertung irrelevant. Danach beträgt der typisierte Rohertrag des Jahres 2022 für die

Wohnung 1 (127 m² · 5,02 €/m² · 12 =)	7.650,48 €
und für Wohnung 2 (96 m² · 5,62 €/m² · 12 =)	6.474,24 €
insgesamt also	14.124,72 €

Da die Wohnungen unter die Mietniveaustufe 3 fallen, ist nach Anlage 39 zum BewG weder ein Ab- noch ein Zuschlag vom bzw. auf den typisierten Rohertrag vorzunehmen.

Von dem typisierten Rohertrag sind nach § 255 BewG typisierte Bewirtschaftungskosten abzuziehen. Diese betragen nach Anlage 40 zum BewG für Zweifamilienhäuser mit einer Restnutzungsdauer von [80 – (2022 – 1980) = 38] 38 Jahren 25 % des Rohertrags. Es ergibt sich dann ein jährlicher Reinertrag des Grundstücks i. H. v. (14.124,72 - 25 % · 14.124,72 =) 10.593,54 €. Auf diesen Reinertrag ist der sich aus Anlage 37 zum BewG ergebende Vervielfältiger von 24,35 anzuwenden.

Dieser ergibt sich bei einem Liegenschaftszinssatz i. S. d. § 256 Abs. 1 Satz 2 Nr. 1 BewG von 2,5 % und einer Restnutzungsdauer von 38 Jahren.

Das Produkt aus dem jährlichen Reinertrag von 10.593,54 € und dem Vervielfältiger von 24,35 ergibt den kapitalisierten Reinertrag (§ 253 BewG) des Grundstücks von (10.593,54 · 24,35 =) 257.952,69 €.

Nach § 252 BewG ist zu dem soeben ermittelten kapitalisierten Reinertrag des Grundstücks von 257.952,69 € der abgezinste Bodenwert nach § 257 BewG zu addieren. Dieser ergibt sich als das Produkt aus der Fläche von 573 m², dem Bodenrichtwert von 195 €/m² und dem bei einem Liegenschaftszinssatz von 2,5 % (§ 256 Abs. 1 BewG) vorgegebenen Abzinsungsfaktor von 0,3913 gem. Anlage 41 des BewG und unter Berücksichtigung des sich aus § 257 BewG i. V. m. Anlage 36 zum BewG ergebenden Umrechnungskoeffizienten i. H. v. 0,98. Er beträgt (573 m² · 195 €/m² · 0,98 · 0,3913 =) 42.847,47 €.

Der Grundsteuerwert ist die Summe aus dem kapitalisierten Reinertrag (257.952,69 €) und dem abgezinsten Bodenwert von 42.847,47 €. Er beträgt demnach (257.952,69 € + 42.847,47 € =) 300.800,16 €. Abgerundet auf volle 100 € (§ 230 BewG) ergibt sich ein Grundsteuerwert von 300.800 €.

b) Ermittlung des Grundsteuer-Messbetrages

Nach § 13 Satz 1 GrStG ist zur Berechnung der Grundsteuer von dem Steuermessbetrag auszugehen. Dieser ergibt sich nach § 13 Satz 2 GrStG als das Produkt aus dem Grundsteuerwert von 300.800 € und der sich aus § 15 Abs. 1 Nr. 2a GrStG für Zweifamilienhäuser ergebenden Steuermesszahl von 0,31 Promille. Der Grundsteuermessbetrag beträgt also (300.800 € · 0,31 ‰ =) 93,24 €.

c) Ermittlung der Grundsteuer

Die Grundsteuer ergibt sich nach § 13 i. V. m. § 25 Abs. 1 GrStG als das Produkt aus dem Grundsteuermessbetrag von 93,24 € und dem Hebesatz der Gemeinde. Dieser steht lt. Sachverhalt noch nicht fest. Er soll für einen Hebesatz von 100 %, 300 % und 500 % ermittelt werden Die Grundsteuer beträgt dann:

93,24 € · 100 % = 93,24 €,

93,24 € · 300 % = 279,72 € bzw.

93,24 € · 500 % = 466,20 €.

Zu Aufgabe 9

Der Abschluss des notariell beurkundeten Kaufvertrages unterliegt nach § 1 Abs. 1 Nr. 1 GrEStG der Grunderwerbsteuer. Einen Grund für eine Steuerbefreiung ergibt sich aus dem geschilderten Sachverhalt nicht. Bemessungsgrundlage ist nach § 8 Abs. 1 GrEStG der Wert der Gegenleistung. Dieser besteht aus dem vereinbarten

Kaufpreis von 1 Mio. €. Der Steuersatz beträgt nach § 11 Abs. 1 GrEStG 3,5 % der Bemessungsgrundlage. Die Grunderwerbsteuer beträgt demnach (1.000.000 · 3,5 % =) 35.000 €. Die Angaben im geschilderten Sachverhalt zur Maklerprovision, zu den Notar- und Gerichtskosten sowie zur Herstellung eines Gebäudes sind zwar ertragsteuerlich, nicht aber grunderwerbsteuerlich von Relevanz.

Zu Aufgabe 10

a) Steuerbare Umsätze

Welche Umsätze aus Sicht des Gesetzgebers grundsätzlich der Umsatzsteuer unterliegen, welche – in der Terminologie des UStG – (be-)steuerbar sein sollen, regelt § 1 UStG. Nach dessen Absatz 1 sind (be-)steuerbar:

- die Lieferungen und sonstigen Leistungen, die ein Unternehmer im Inland gegen Entgelt im Rahmen seines Unternehmens ausführt,
- die Einfuhr von Gegenständen im Inland,
- der innergemeinschaftliche Erwerb im Inland gegen Entgelt.

Steuerbare Umsätze sind entweder nach § 4 UStG steuerbefreit oder – wenn nicht steuerbefreit – steuerpflichtig.

b) Unternehmer

Unternehmer ist nach § 2 Abs. 1 UStG jeder, der eine gewerbliche oder berufliche Tätigkeit selbständig ausübt. Als Unternehmer kommen insbesondere in Betracht:

1. Natürliche Personen (Gewerbetreibende, Freiberufler, Mietshausbesitzer),
2. Gesamthandsgemeinschaften (BGB-Gesellschaften, OHG, KG, Erbengemeinschaften),
3. Kapitalgesellschaften (GmbH, AG, SE, KGaA),
4. sonstige juristische Personen des privaten Rechts (Genossenschaften, rechtsfähige Vereine, Anstalten, Stiftungen) und
5. nicht rechtsfähige Vereine, Anstalten und Stiftungen des privaten Rechts.

c) Drittlandsgebiet

Drittlandsgebiet ist das Gebiet, das nicht (EU-)Gemeinschaftsgebiet ist (§ 1 Abs. 2a Satz 3 UStG).

d) Leistung

Leistung ist jede Tätigkeit, jedes positive oder negative Verhalten. Sie kann nach § 3 Abs. 9 Satz 2 UStG auch in einem Unterlassen oder in einem Dulden einer Handlung oder eines Zustandes bestehen. Beispiele sind Warenlieferungen, handwerkliche Leistungen, die Vermietung von Gebäuden oder Gebäudeteilen oder die Überlassung von Erfindungen. Leistungen lassen sich gliedern in Lieferungen und sonstige Leistungen. Letztere sind nach § 3 Abs. 9 UStG Leistungen, die keine Lieferungen sind.

e) Lieferung

Lieferungen eines Unternehmers sind nach § 3 Abs. 1 UStG Leistungen, durch die er oder in seinem Auftrag ein Dritter den Abnehmer oder in dessen Auftrag einen Dritten befähigt, im eigenen Namen über einen Gegenstand zu verfügen (Verschaffung der Verfügungsmacht).

f) Ausfuhrlieferung, innergemeinschaftliche Lieferung

Eine Ausfuhrlieferung ist in § 6 Abs. 1 UStG definiert. Sie setzt das Befördern oder Versenden eines Gegenstandes aus dem Inland in ein Drittland (Nicht-EU-Land) voraus. Eine innergemeinschaftliche Lieferung setzt nach § 6a Abs. 1 UStG das Befördern oder Versenden eines Gegenstandes aus dem Inland in ein anderes EU-Land voraus. Sowohl die Ausfuhrlieferungen als auch die innergemeinschaftlichen Lieferungen sind nach § 4 Satz 1 Nr. 1 UStG von der Umsatzsteuer befreit.

g) Vorsteuerabzug

Durch den Vorsteuerabzug wird die auf der Vorumsatzstufe eingetretene umsatzsteuerliche Belastung rückgängig gemacht. Die Umsätze eines Unternehmers sind dadurch letztlich nur mir der Steuer belastet, die sich aus der Anwendung des maßgeblichen Steuersatzes auf den geschaffenen Mehrwert ergibt. Da nur der Endverbraucher mit der Umsatzsteuer (Mehrwertsteuer) belastet werden soll, knüpft § 15 Abs. 1 UStG die Berechtigung zum Vorsteuerabzug an die Unternehmereigenschaft.

Als Vorsteuer abzugsfähig ist nach § 15 Abs. 1 Nr. 1 UStG die einem Unternehmer von einem anderen Unternehmer gesondert in Rechnung gestellte Steuer für Lieferungen oder sonstige Leistungen, die für sein Unternehmen ausgeführt worden sind. Abzugsfähig ist nach § 15 Abs. 1 Nr. 2 UStG ferner die Einfuhrumsatzsteuer sowie nach Nr. 3 die Steuer auf den innergemeinschaftlichen Erwerb.

Vom Vorsteuerabzug ausgeschlossen sind gem. § 15 Abs. 2 UStG die Steuern, die mit steuerfreien Umsätzen im Zusammenhang stehen. Dies gilt nach § 15 Abs. 3 UStG nicht für die nach § 4 Nr. 1 bis 7 UStG befreiten Umsätze. Hierbei handelt es sich insbesondere um steuerfreie Ausfuhrlieferungen und innergemeinschaftliche Lieferungen. Derartige Lieferungen werden also im Ergebnis vollständig von deutscher Umsatzsteuer entlastet. In aller Regel werden sie aber mit der Umsatzsteuer belastet, die der ausländische Staat, in dem der Endverbrauch stattfindet, erhebt.

h) Voranmeldungen, Veranlagungszeitraum, Jahressteuererklärung

Der Unternehmer hat grundsätzlich im Laufe eines Jahres Voranmeldungen beim Finanzamt einzureichen. In ihnen hat er selbst die sich für den jeweiligen Voranmeldungszeitraum ergebende Steuer zu berechnen und an das Finanzamt abzuführen. Voranmeldungszeitraum ist nach § 18 Abs. 2 UStG grundsätzlich das Kalendervierteljahr. Beträgt die Umsatzsteuer für das vorangegangene Kalenderjahr mehr als 7.500 €, ist der Kalendermonat Voranmeldungszeitraum. Beträgt die Umsatzsteuer für das vorangegangene Kalenderjahr nicht mehr als 1.000 €, kann das Finanzamt den Unternehmer von seiner Verpflichtung zur Abgabe von Voranmeldungen und der Entrichtung von Vorauszahlungen befreien. Voranmeldungen und Vorauszahlungen haben vorläufigen Charakter.

Die Umsatzsteuer ist eine Jahressteuer: Besteuerungszeitraum (Veranlagungszeitraum) ist nach § 16 Abs. 1 Satz 2 UStG das Kalenderjahr. Daher muss der Unternehmer nach Ablauf des Kalenderjahres eine Jahressteuererklärung abgeben. In ihr hat er die zu entrichtende Steuer oder den sich zu seinen Gunsten ergebenden Überschuss selbst zu errechnen (§ 18 Abs. 3 UStG). Ist die Steuerschuld lt. Jahreserklärung höher als die sich aus den Voranmeldungen ergebende desselben Jahres, hat der Unternehmer den Unterschiedsbetrag innerhalb eines Monats nach Abgabe der Jahreserklärung zu entrichten (§ 18 Abs. 4 Satz 1 UStG). Ergibt sich hingegen ein Unterschiedsbetrag zu Gunsten des Unternehmers, wird dieser an ihn zurückgezahlt.

i) Kleinunternehmer

§ 19 Abs. 1 UStG erfasst die Unternehmer, deren Umsatz im vorangegangenen Kalenderjahr 22.000 € nicht überstiegen hat und im laufenden Kalenderjahr voraussichtlich 50.000 € nicht übersteigen wird. Von diesen Kleinunternehmern wird nach § 19 Abs. 1 Satz 1 UStG grundsätzlich keine Umsatzsteuer erhoben. Nach Satz 4 dieser Vorschrift sind sie – korrespondierend hierzu – auch nicht zum Vorsteuerabzug berechtigt. Nach § 19 Abs. 2 UStG haben Kleinunternehmer ein Optionsrecht: Sie können dem Finanzamt gegenüber erklären, dass sie nach den allgemeinen Vorschriften besteuert werden wollen. Eine derartige Erklärung bindet den Unternehmer für mindestens fünf Jahre. Ein Übergang zur Regelbesteuerung nach § 19 Abs. 2 UStG ist für einen Kleinunternehmer immer dann vorteilhaft, wenn die Abnehmer seiner Lieferungen bzw. Empfänger seiner sonstigen Leistungen zum Vorsteuerabzug berechtigt sind und ihm selbst von anderen Unternehmern Umsatzsteuer in Rechnung gestellt wird. In diesen Fällen belastet ihn die durch seine eigenen Umsätze entstehende Umsatzsteuer nicht, während er durch den Abzug von Vorsteuern entlastet wird.

Zu Aufgabe 11

Aussage	richtig	falsch
• Der Umsatzsteuer unterliegen nur Lieferungen.		X
• Kapitalgesellschaften sind keine Unternehmer.		X
• Sonstige Leistungen i. S. d. UStG sind Leistungen, die keine Lieferungen sind.	X	
• Nichtsteuerbare Umsätze bewirken keine Umsatzsteuerschuld.	X	
• Ein angestellter Lehrer ist Unternehmer i. S. d. UStG.		X
• Ausfuhrlieferungen sind steuerfrei.	X	
• Innergemeinschaftliche Lieferungen sind steuerpflichtig.		X
• Ein Verzicht auf eine Steuerbefreiung kann nicht vorteilhaft sein.		X
• Steuerschuldner ist stets der Unternehmer.		X
• Steuerschuldner kann auch ein Abnehmer sein.	X	
• Rechnungen sind von dem Unternehmer grundsätzlich zehn Jahre aufzubewahren.	X	
• Voranmeldungszeitraum kann sowohl ein Kalendervierteljahr als auch ein Kalendermonat sein.	X	
• Die Umsatzsteuer ist stets nach den vereinbarten Entgelten zu berechnen.		X
• Für Kleinunternehmer gibt es im UStG besondere Regelungen.	X	
• Sowohl die Einfuhrumsatzsteuer als auch die Umsatzsteuer auf den innergemeinschaftlichen Erwerb werden vom Zoll erhoben.		X

Zu Aufgabe 12

a) A ist nach § 2 Abs. 1 UStG Unternehmer i. S. d. Umsatzsteuergesetzes. Die Lieferung des A an B gilt nach § 3 Abs. 6 UStG als im Inland ausgeführt, da die Beförderung des Pkw in Aachen beginnt. Die Lieferung erfolgt gegen Entgelt. Die Lieferung an den belgischen Unternehmer B ist somit nach § 1 Abs. 1 Nr. 1 UStG steuerbar. Sie ist aber nicht nach § 4 Nr. 1b UStG steuerfrei, da es sich nicht um eine innergemeinschaftliche Lieferung nach § 6a Abs. 1 UStG handelt. Der Grund liegt darin, dass B den Pkw nicht für sein Unternehmen erworben hat (§ 6a Abs. 1 Nr. 2 Buchstabe a) UStG) und es sich bei dem Pkw auch nicht um ein neues Fahrzeug handelt (§ 6a Abs. 1 Nr. 2 Buchstabe c) UStG). A hat dem B folglich (15.000 · 19 % =) 2.850 € Umsatzsteuer in Rechnung zu stellen (§ 10 Abs. 1 und § 12 Abs. 1 UStG). Die dem A von der C-GmbH in Rechnung gestellte Umsatzsteuer, die mit der Lieferung des Pkw im Zusammenhang steht, ist in vollem Umfang nach § 15 Abs. 1 UStG als Vorsteuer abzugsfähig.

b) Bei dem steuerlichen Verlust von 5.682.936 € handelt es sich um einen ertragsteuerlichen Verlust, der bei der Umsatzsteuer keine Berücksichtigung findet. Der Umsatzsteuer unterliegen alle nach § 1 UStG steuerbaren und nicht nach § 4 UStG befreiten Umsätze. Die GmbH muss also grundsätzlich für das Jahr 1 Umsatzsteuer zahlen. Sie kann allerdings nach § 15 Abs. 1 UStG die von ihr bereits gezahlte Umsatzsteuer als Vorsteuer von ihrer Umsatzsteuerschuld abziehen, sofern sich aus § 15 Abs. 2 UStG nichts anderes ergibt.

Zu Aufgabe 13

a) Die R-GmbH ist Unternehmer i. S. d. § 2 UStG. Sie tätigt im Rahmen eines Unternehmens Lieferungen i. S. d. § 3 Abs. 1 UStG gegen Entgelt. Diese erfolgen durch Beförderung vom Inland aus (§ 3 Abs. 6 UStG). Somit sind alle Lieferungen nach § 1 Abs. 1 Nr. 1 UStG steuerbar.

b) Die Lieferungen von Werkzeugen an Abnehmer im Inland für 10.250.840 € fallen unter keine steuerbefreienden Tatbestände nach den §§ 4 ff. UStG. Sie sind somit steuerpflichtig.

   Die Lieferungen von Werkzeugen an Abnehmer in verschiedenen anderen Ländern der Europäischen Union für 30.690.510 € sind nach § 4 Nr. 1b i. V. m. § 6a UStG steuerfrei, da es sich um innergemeinschaftliche Lieferungen handelt.

   Die Lieferungen von Werkzeugen an Abnehmer in verschiedenen Ländern außerhalb der Europäischen Union für 45.273.960 € sind nach § 4 Nr. 1a i. V. m. § 6 UStG steuerfrei, da es sich um Ausfuhrlieferungen handelt.

   Gleiches gilt für die Lieferung von zwei nicht mehr benötigten Maschinen an einen brasilianischen Abnehmer für insgesamt 50.000 €.

c) Steuerpflichtig sind lediglich die Lieferungen an inländische Abnehmer. Bemessungsgrundlage für die Steuer ist das Entgelt i. S. d. § 10 Abs. 1 UStG. Nach Satz 2 dieser Norm ist dies alles, was der Leistungsempfänger aufwendet, um die Leistung zu erhalten, jedoch abzüglich der Umsatzsteuer. Somit sind die Rechnungsbeträge um das Skonto von 2 % zu kürzen. Die Bemessungsgrundlage beträgt mithin (10.250.840 · 98 % =) 10.045.823 €. Der hierauf anzuwendende Steuersatz ergibt sich nach § 12 Abs. 1 UStG mit 19 %.

d) Die Steuerfreiheit führt gemäß § 15 Abs. 3 UStG nicht zum Ausschluss des Vorsteuerabzugs nach § 15 Abs. 2 UStG. Somit kann die R-GmbH die Vorsteuern von 4.780.960 € nach § 15 Abs. 1 UStG als Vorsteuern von ihrer eigenen Umsatzsteuerschuld abziehen.

e) Die Umsatzsteuerschuld der R-GmbH ergibt sich als Differenz aus der ihren Abnehmern in Rechnung gestellten Umsatzsteuer i. H. v. (10.045.823 · 19 % =) 1.908.706,37 € und der ihr in Rechnung gestellten Vorsteuer i. H. v. 4.780.960 €. Es ergibt sich somit ein Erstattungsanspruch für die R-GmbH von (4.780.960 - 1.908.706,37 =) 2.872.253,63 €.

Zu Aufgabe 14

a) Die X-GmbH ist nach § 2 UStG Unternehmer i. S. d. Umsatzsteuergesetzes. Das Unternehmen umfasst die eigene gewerbliche Tätigkeit sowie die teilweise Vermietung des Hauses in Leverkusen, d. h. im Inland. Die Vermietung stellt eine sonstige Leistung nach § 3 Abs. 9 UStG dar und erfolgt entgeltlich. Der Ort der sonstigen Leistung bestimmt sich nach § 3a Abs. 3 UStG und liegt im Inland. Die mit dem Geschäfts- und Wohnhaus im Zusammenhang stehenden Vermietungsumsätze sind somit nach § 1 Abs. 1 Nr. 1 UStG steuerbar.

b) Die Vermietung ist grundsätzlich nach § 4 Nr. 12 UStG umsatzsteuerfrei. Nach § 9 Abs. 1 UStG besteht jedoch die Option, bei Vermietungen an andere Unternehmer auf die Steuerbefreiung zu verzichten. Der Steuerberater ist Unternehmer i. S. d. § 2 UStG und nutzt die Räume für sein Unternehmen. Deshalb hat die GmbH bei der Vermietung an den Steuerberater (2. Stock) nach § 9 Abs. 1 UStG die Möglichkeit, auf die Steuerbefreiung zu verzichten. Macht sie hiervon Gebrauch, kann sie die ihr von anderen Unternehmern in Rechnung gestellte Umsatzsteuer, die mit den Mietumsätzen an den Steuerberater im Zusammenhang stehen, als Vorsteuern von ihrer eigenen Steuerschuld abziehen. Da der GmbH für verschiedene Arbeiten am Haus im Jahre 1 Vorsteuern in Rechnung gestellt werden, ist der Verzicht auf die Steuerbefreiung nach § 9 UStG für sie vorteilhaft.

   Die Vermietung an die Familien im 3. Stock bleibt umsatzsteuerfrei, da es sich bei den Mietern nicht um Unternehmer i. S. d. § 2 UStG handelt und eine Option nach § 9 Abs. 1 UStG somit nicht möglich ist. Die Vorsteuern, die mit diesen Mietumsätzen im Zusammenhang stehen, kann die X-GmbH nach § 15 Abs. 2 UStG nicht von ihrer eigenen Steuerschuld abziehen.

c) Bemessungsgrundlage der Umsatzsteuer ist gemäß § 10 Abs. 1 UStG das Entgelt. Das Entgelt besteht hier in den steuerpflichtigen Mieteinnahmen. Diese betragen 30.000 €.

d) Steuerpflichtige Umsätze aus der Vermietung unterliegen einem Umsatzsteuersatz von 19 % (§ 12 Abs. 1 UStG).

e) Die GmbH kann die ihr von anderen Unternehmern in Rechnung gestellte Vorsteuer insoweit von ihrer eigenen Steuerschuld abziehen, wie diese auf die steuerpflichtige Nutzung des Gebäudes entfällt (§ 15 Absätze 1 und 2 UStG).

Die Vorsteuern von 17.580 € für die Renovierung der selbstgenutzten Räume (Erdgeschoss und 1. Stock) sind in voller Höhe abzugsfähig, da die GmbH diese Räume selbst nutzt. Die 32.560 € für die Dacherneuerung und die Fassadenrenovierung müssen aufgeteilt werden (§ 15 Abs. 4 UStG), da die Vermietungen im 3. Stock umsatzsteuerfrei sind. Die Aufteilung erfolgt nach der Nutzfläche wie folgt:

Erdgeschoss, 1. und 2. Stock $\frac{345\text{ m}^2 + 345\text{ m}^2 + 345\text{ m}^2}{1.380\text{ m}^2} = 75\ \%$

3. Stock $\frac{345\text{ m}^2}{1.380\text{ m}^2} = 25\ \%.$

Somit ergeben sich im Zusammenhang mit der Dacherneuerung und der Fassadenrenovierung folgende abzugsfähigen Vorsteuern:

32.560 € · 75 % = 24.420 €.

Insgesamt kann die GmbH (17.580 + 24.420 =) 42.000 € als Vorsteuern abziehen.

f) Ermittlung der Umsatzsteuerschuld aus dem vorliegenden Sachverhalt:

Umsatzsteuer aus umsatzsteuerpflichtigen Umsätzen: 30.000 € · 19 % =	5.700 €
abziehbare Vorsteuern	- 42.000 €
verbleiben	- 36.300 €

Die X-GmbH hat aus der Nutzung des Wohn- und Geschäftshauses im Jahre 1 einen Erstattungsanspruch von 36.300 €. Dieser wird mit den sich aus den übrigen Umsätzen resultierenden Steuerschulden – hier im Sachverhalt nicht angegebenen – verrechnet.

Zu Aufgabe 15

a) Die KG ist Unternehmer i. S. d. § 2 UStG. Die Beförderung der Erzeugnisse beginnt in Düsseldorf. Der Ort der Lieferung liegt somit im Inland (§ 3 Abs. 6 UStG). Die Lieferung erfolgt gegen Entgelt. Nach § 1 Abs. 1 Nr. 1 UStG ist diese Lieferung somit steuerbar. Die Lieferung ist jedoch nach § 4 Nr. 1a UStG steuerbefreit, da es sich um eine Ausfuhrlieferung i. S. d. § 6 UStG handelt. Die Steuerbefreiung führt aber nach § 15 Abs. 3 UStG nicht zum Ausschluss vom Vorsteuerabzug. Die der KG von Lieferanten in Rechnung gestellte Umsatzsteuer in Höhe von 96.384 € kann diese also nach § 15 Abs. 1 UStG als Vorsteuer von ihrer eigenen Umsatzsteuerschuld abziehen.

b) Die Vermietung von Wohnungen gehört zu den nach § 1 Abs. 1 UStG steuerbaren, aber nach § 4 Nr. 12 Satz 1 UStG grundsätzlich steuerbefreiten Leistungen. Eine Steuerbefreiung kommt aber nach § 4 Nr. 12 Satz 2 UStG für vermietete Ferienwohnungen nicht in Betracht.

   Die vereinnahmten Mieteinnahmen enthalten auch die Umsatzsteuer. Der Umsatzsteuersatz beträgt nach § 12 Abs. 2 Nr. 11 UStG 7 %. Dieser Satz bezieht sich nach § 10 Abs. 1 UStG auf das Nettoentgelt (Miete nach Herausrechnung der Umsatzsteuer). Das Nettoentgelt beträgt

   $\left(\frac{144.980}{1,07} =\right)$ 135.495,33 €.

   Die Umsatzsteuer beträgt damit (135.495,33 · 7 % =) 9.484,67 €. Die der KG für Reparaturarbeiten in Rechnung gestellte Umsatzsteuer kann sie nach § 15 Abs. 1 UStG in voller Höhe als Vorsteuer abziehen.

Zu Aufgabe 16

a) Die M-KG ist Unternehmer i. S. d. § 2 UStG. Die Beförderung der Erzeugnisse beginnt in Magdeburg. Der Ort der Lieferung liegt somit im Inland (§ 3 Abs. 6 UStG). Die Lieferung nach § 3 Abs. 1 UStG erfolgt gegen Entgelt. Nach § 1 Abs. 1 Nr. 1 UStG ist die Lieferung somit steuerbar. Die Lieferung ist jedoch nach § 4 Nr. 1a UStG steuerbefreit, da es sich um eine Ausfuhrlieferung i. S. d. § 6 UStG handelt. Die Steuerbefreiung führt aber nach § 15 Abs. 3 UStG nicht zum Ausschluss vom Vorsteuerabzug. Die der M-KG von Lieferanten in Rechnung gestellte Umsatzsteuer in Höhe von 273.540 € kann diese also nach § 15 Abs. 1 UStG als Vorsteuer von ihrer eigenen Umsatzsteuerschuld abziehen.

b) Der Essener Abnehmer der Fernseher U2 ist Unternehmer i. S. d. § 2 UStG. Bei der Lieferung handelt es sich um einen innergemeinschaftlichen Erwerb gegen Entgelt i. S. d. § 1a Abs. 1 UStG. Nach § 3d Satz 1 UStG ist der Ort des innergemeinschaftlichen Erwerbs Essen. Der Kauf der Fernseher ist aus Sicht des U2 somit steuerbar. Eine Steuerbefreiung nach § 4b UStG besteht nicht. Somit handelt es sich um steuerpflichtige Umsätze. Bemessungsgrundlage für die Umsatzsteuer ist das Entgelt (§ 10 Abs. 1 Satz 1 UStG). Nach Abzug des Treuerabatts beträgt dieses (150.000 € - 8 % · 150.000 € =) 138.000 €. Gemäß § 12 Abs. 1 UStG ist ein Steuersatz von 19 % anzuwenden. Die durch den innergemeinschaftlichen Erwerb entstandene Umsatzsteuerschuld beträgt mithin (138.000 · 19 % =) 26.220 €. Diese ist nach § 15 Abs. 1 Nr. 3 UStG als Vorsteuer abzugsfähig.

c) Die Z-AG ist Unternehmer i. S. d. § 2 UStG. Sie tätigt eine Lieferung i. S. d. § 3 Abs. 1 UStG. Die Beförderung der Erzeugnisse beginnt in Köln. Der Ort der Lieferung liegt somit im Inland (§ 3 Abs. 6 UStG). Die Lieferung erfolgt gegen Entgelt (§ 10 Abs. 1 Satz 1 UStG). Nach § 1 Abs. 1 UStG ist die Lieferung an den französischen Großhändler somit steuerbar. Sie ist aber nach § 4 Nr. 1b i. V. m. § 6a UStG steuerfrei, da es sich um eine innergemeinschaftliche Lieferung handelt. Die Steuerfreiheit führt jedoch gemäß § 15 Abs. 3 UStG nicht zum Ausschluss des Vorsteuerabzugs. Die Z-AG kann somit die Vorsteuern von 1.152.832 € nach § 15 Abs. 1 UStG als Vorsteuern von ihrer Umsatzsteuerschuld abziehen.

Zu Aufgabe 17

a) Bäckermeister Hämmerle ist nach § 2 UStG Unternehmer i. S. d. Umsatzsteuergesetzes. Das Unternehmen umfasst die eigene gewerbliche Tätigkeit im Rahmen der Bäckerei einschließlich des Cafés sowie die Vermietung des Wohn- und Geschäftshauses in Konstanz. Die Vermietung erfolgt entgeltlich. Es handelt sich bei der Vermietungstätigkeit um eine sonstige Leistung i. S. d. § 3 Abs. 9 UStG, die im Inland (§ 3a Abs. 3 Nr. 1 UStG) erbracht wird. Die mit dem Geschäfts- und Wohnhaus im Zusammenhang stehenden Vermietungsumsätze sind somit nach § 1 Abs. 1 Nr. 1 UStG steuerbar. Eine fiktive Miete für die Nutzung des Erdgeschosses und der ersten Etage ist allerdings nicht anzusetzen, so dass insoweit keine steuerbaren Umsätze anfallen.

b) Vermietungen von Grundstücken sind grundsätzlich nach § 4 Nr. 12 UStG umsatzsteuerfrei. Der Unternehmer kann allerdings bei den in § 9 Abs. 1 UStG ausdrücklich genannten Umsätzen grundsätzlich auf die Steuerbefreiung verzichten. Dies kann dann für ihn von Vorteil sein, wenn er hierdurch seinen Vorsteuerabzug erhöhen kann.
Ein Verzicht auf die Steuerbefreiung ist hinsichtlich der Vermietungsumsätze an den Allgemeinmediziner B allerdings nicht zulässig. Zwar erfüllen diese Umsätze die Voraussetzungen des § 9 Abs. 1 UStG, doch erfolgen sie an eine Person (den Allgemeinmediziner B), die selbst nur Umsätze tätigt, die den Verzicht auf Steuerbefreiung ausschließt. Aus diesem Sachverhalt folgt nach § 4 Nr. 14 i. V. m. § 9 Abs. 1 UStG, dass H nicht auf eine Befreiung seiner Vermietungsumsätze an B verzichten kann: Nach § 4 Nr. 14 UStG sind Heilbehandlungen im Bereich der Humanmedizin umsatzsteuerfrei und nach § 9 Abs. 1 UStG kann auf diese Steuerbefreiung nicht verzichtet werden. Damit kann nach § 9 Abs. 2 Satz 1 UStG auch der Vermieter H nicht auf die Steuerbefreiung seiner Vermietungsgrundsätze an B verzichten.
Auch die Vermietungsumsätze des H an seine Tochter T sind zwar als sonstige Leistungen im Inland gegen Entgelt nach § 1 Abs. 1 Nr. 1 UStG steuerbar, aber nach § 4 Nr. 12 UStG steuerbefreit. Ein Verzicht auf die Steuerbefreiung nach § 9 Abs. 1 UStG ist auch bei diesen Umsätzen nicht möglich. Dies ergibt sich daraus, dass ein Verzicht nur dann möglich ist, wenn der Umsatz des Unternehmers (hier des H) an einen anderen Unternehmer für dessen Unternehmen erfolgt. Dies ist hier nicht der Fall: Selbst wenn die Tochter T Unternehmer

sein sollte (hierzu erfolgen im Sachverhalt keine Angaben), nutzt T die Wohnung nicht für unternehmerische, sondern für Wohn- und damit Privatzwecke. Die Mietumsätze des H an seine Tochter T sind somit zwar steuerbar, aber steuerbefreit. Damit sind Vorsteuern, die mit diesen Umsätzen zusammenhängen, nach § 15 Abs. 2 UStG nicht als Vorsteuern abzugsfähig.
Die Nutzung einer der beiden Wohnungen im dritten Geschoss für eigene Wohnzwecke des Unternehmers H ist nach § 3 Abs. 9a UStG einer Vermietung gleichgestellt. Es handelt sich also um einen fiktiven steuerbaren Mietumsatz. Dieser fällt unter die Befreiungsvorschrift des § 4 Nr. 12 Buchstabe a) UStG. Ein Verzicht auf die Steuerbefreiung nach § 9 Abs. 1 UStG ist auch bei diesem Umsatz nicht möglich, da die Nutzung der Wohnung durch H nicht für unternehmerische, sondern für private Zwecke erfolgt. Damit ist auch ein Abzug von Vorsteuern, soweit sie auf diese Wohnung entfallen, nach § 15 Abs. 2 UStG nicht möglich.

Zusammenfassend kann Folgendes festgestellt werden:

- Die Nutzung der Räume im Erdgeschoss sowie im ersten Stock erfolgt für unternehmerische Zwecke des H. Diese Nutzung ist nicht steuerbar.
- Die Nutzung der Räume im zweiten und dritten Stockwerk des Gebäudes führt zwar in vollem Umfang zu steuerbaren Umsätzen, doch sind diese alle nach § 4 Nr. 12 UStG umsatzsteuerfrei. Eine Option zur Steuerpflicht nach § 9 UStG ist bei keinem der Umsätze möglich.

c) Da sich nach den Ausführungen zu b) aus der Nutzung der einzelnen Räume des Gebäudes keine steuerpflichtigen Umsätze ergeben, sind für die verschiedenen Nutzungen auch keine Bemessungsgrundlagen zu ermitteln. Gleiches gilt hinsichtlich der Bestimmung von Steuersätzen für die Nutzung der Räume. Steuerpflichtige Umsätze und damit Bemessungsgrundlagen und Steuersätze für diese Umsätze ergeben sich somit nur aus der Lieferung von Backwaren im Erdgeschoss sowie aus den Umsätzen des Cafés im ersten Obergeschoss. Über diese Umsätze gibt es in dem geschilderten Sachverhalt aber keine Angaben, so dass die umsatzsteuerlichen Folgen nicht beurteilt werden können.

d) Die dem H von anderen Unternehmern für Renovierungsarbeiten im Erdgeschoss in Rechnung gestellte Umsatzsteuer i. H. v. insgesamt 7.820 € kann H in vollem Umfang nach § 15 Abs. 1 UStG als Vorsteuern von seiner Umsatzsteuerschuld abziehen, da die Renovierungsarbeiten ausschließlich seine Bäckerei betreffen.

e) Aus dem geschilderten Sachverhalt ergibt sich i. H. v. 7.820 € ein Umsatzsteuer-Erstattungsanspruch. Dieser ist von der Umsatzsteuer, die sich aus dem Betrieb der Bäckerei und des Cafés ergeben, abzuziehen. Die Höhe dieser Umsatzsteuer lässt sich dem Sachverhalt nicht entnehmen.

Zu Aufgabe 18

a) Methoden der Gesetzesauslegung

Maßgebend für die Gesetzesauslegung ist der objektive Wille des Gesetzgebers, wie er sich aus

- dem Wortlaut der gesetzlichen Bestimmung und
- aus dem Sinnzusammenhang, in den diese Gesetzesbestimmung hineingestellt ist,

ergibt. Zur Erforschung des Willens des Gesetzgebers sind verschiedene Methoden der Gesetzesauslegung entwickelt worden, und zwar

1. die grammatikalische,
2. die teleologische,
3. die systematische und
4. die historische.

Die Auslegungsmethoden schließen sich nicht gegenseitig aus, sondern ergänzen einander.

Die grammatikalische Auslegung geht von dem Wortlaut der Norm aus. Das geschieht unter Berücksichtigung des allgemeinen Sprachgebrauchs der juristischen und der speziell steuerrechtlichen Terminologie und der Regeln der Grammatik. Eine Auslegung gegen den Wortlaut des Gesetzes kann nur ausnahmsweise in Betracht kommen, und zwar dann, wenn der Wortlaut des Gesetzes den objektivierten Willen des Gesetzes nicht deckt. Das ist insbesondere dann der Fall, wenn eine wortgetreue Auslegung zu einem sinnwidrigen Ergebnis führen würde.

Die teleologische Auslegung ist eine Auslegung nach dem Sinn und Zweck der auszulegenden Gesetzesnorm. Sinn und Zweck steuerlicher Normen können voneinander verschieden sein. So dienen die meisten Normen der Einnahmeerzielung der öffentlichen Hand, andere hingegen z. B. wirtschaftspolitischen Zwecken.

Die systematische Auslegung ermittelt und berücksichtigt den Sinnzusammenhang der Rechtssätze, in denen die einzelnen auslegungsbedürftigen Rechtsbegriffe vorkommen.

Die historische Auslegungsmethode berücksichtigt die Entstehungsgeschichte des Gesetzes. Der objektivierte Wille des Gesetzgebers lässt sich u. a. durch Heranziehung der Gesetzesmaterialien erschließen. Hierbei darf allerdings die Entwicklung der Verhältnisse seit Schaffung der Norm nicht vernachlässigt werden. Die Entstehungsgeschichte einer Norm ist nur insoweit bedeutsam, als sie die Richtigkeit einer Auslegung bestätigt oder Zweifel an der Auslegung behebt.

b) Steuerlich relevante Grundrechte

Selbstverständlich haben alle staatlichen Organe im Rahmen der Besteuerung sämtliche im GG kodifizierten Grundrechte zu beachten. Von größerer praktischer Relevanz sind in diesem Zusammenhang aber nur

1. der Gleichheitsgrundsatz (Art. 3 Abs. 1 GG),

2. der Schutz von Ehe und Familie (Art. 6 GG) und
3. die Eigentumsgarantie (Art. 14 GG).

Der Gleichheitsgrundsatz wird im Steuerrecht als Grundsatz der Gleichheit der Besteuerung, bekannter als Grundsatz der Gleichmäßigkeit der Besteuerung, interpretiert.

c) Wirtschaftliche Betrachtungsweise

Eines der wichtigsten Rechtsinstitute des Steuerrechts ist das der wirtschaftlichen Betrachtungsweise. Es war bis 1976 gesetzlich verankert, ist dann aber nicht in die seit 1977 geltende AO übernommen worden. Nach dem Willen des historischen Gesetzgebers sollte sich hierdurch materiell-rechtlich aber nichts ändern, d. h. das Rechtsinstitut der wirtschaftlichen Betrachtungsweise sollte weiter gelten. Dies ist auch die wohl einhellige Meinung in Rechtsprechung und Schrifttum.

Im Rahmen der wirtschaftlichen Betrachtungsweise sind zwei große Gruppen von Anwendungsfällen zu unterscheiden, und zwar

1. die Auslegung der Steuergesetze nach ihrer wirtschaftlichen Bedeutung und
2. die Beurteilung eines festgestellten Lebenssachverhalts nach seiner wirtschaftlichen Bedeutung.

d) Steuerverwaltungsakt

Nach der Legaldefinition des § 118 Satz 1 AO ist ein Verwaltungsakt „... jede Verfügung, Entscheidung oder andere hoheitliche Maßnahme, die eine Behörde zur Regelung eines Einzelfalls auf dem Gebiet des öffentlichen Rechts trifft und die auf unmittelbare Rechtswirkung nach außen gerichtet ist“. Unmittelbare Rechtswirkung nach außen erhält ein Verwaltungsakt durch seine Bekanntgabe. Dieser gehen eine Willensbildung und eine Willensniederlegung voraus. Die Bekanntgabe eines Steuerverwaltungsaktes erfolgt nach § 119 Abs. 2 AO i. d. R. schriftlich oder elektronisch. Als wichtige Steuerverwaltungsakte, d. h. Verwaltungsakte, die sich auf Steuern beziehen, können Steuerbescheide (§ 155 Abs. 1 AO), Feststellungsbescheide (§ 179 AO), Stundungs- (§ 122 AO) und Erlassverfügungen (§ 127 AO), Steuermessbescheide (§ 184 Abs. 1 Satz 1 AO) sowie Einspruchsentscheidungen (§ 367 Abs. 1 AO) genannt werden.

e) Untersuchungsgrundsatz und Mitwirkungspflichten des Steuerpflichtigen

Das Ermittlungsverfahren wird beherrscht von dem Untersuchungsgrundsatz, der besagt, dass die Finanzbehörde den Sachverhalt von Amts wegen zu ermitteln hat (§ 88 Abs. 1 AO). In aller Regel kann die Finanzbehörde einen steuerlich bedeutsamen Sachverhalt nicht ohne Hilfe des Steuerpflichtigen ermitteln. Aus diesem Grunde sind nach § 90 Abs. 1 AO alle am Besteuerungsverfahren Beteiligten – in erster Linie also die Steuerpflichtigen selbst – zur Mitwirkung bei der Ermittlung des steuerlich relevanten Sachverhalts verpflichtet. Diese generelle Regelung der

Mitwirkungspflichten wird ergänzt durch eine Reihe von Spezialnormen. Die wichtigste der speziellen Mitwirkungspflichten ist zweifellos die zur Abgabe von Steuererklärungen. Wer zur Abgabe einer Steuererklärung verpflichtet ist, bestimmt sich gem. § 149 Abs. 1 AO nach den Vorschriften der Einzelsteuergesetze. Von großer Bedeutung sind auch die Buchführungs-, Aufzeichnungs- und Aufbewahrungspflichten der §§ 140 bis 148 AO.

f) Bestandskraft

Bestandskraft bedeutet, dass Steuerverwaltungsakte nach ihrer Bestandskraft grundsätzlich nicht mehr geändert werden können. Ausnahmen sind nur dann zulässig, wenn dies gesetzlich ausdrücklich vorgesehen ist.

g) Vorbehalt der Nachprüfung, vorläufige Bescheide

Nach § 172 Abs. 1 Satz 1 AO darf ein Bescheid nur dann aufgebhoben oder geändert werden, wenn eine der in den Nummern 1 oder 2 dieser Vorschrift genannten Voraussetzungen erfüllt ist. Das gilt aber nur, soweit der Bescheid nicht unter dem Vorbehalt der Nachprüfung ergangen oder vorläufig ergangen ist.

Bescheide unter dem Vorbehalt der Nachprüfung (Vorbehaltsfestsetzungen) können nach § 164 Abs. 2 AO jederzeit aufgehoben oder geändert werden, solange der Vorbehalt wirksam ist. Im Rahmen einer derartigen Berichtigung können alle Fehler korrigiert werden, die in dem ursprünglichen Bescheid enthalten sind. Der Berichtigungsmöglichkeit nach § 164 Abs. 2 AO dürfte eine höhere praktische Bedeutung zukommen als den „eigentlichen“ Berichtigungsvorschriften für Bescheide der §§ 172 ff. AO. Vorläufige Bescheide können nach § 165 Abs. 2 Satz 1 AO aufgehoben oder geändert werden, soweit die Vorläufigkeit reicht. Bescheide stehen nur dann unter dem Vorbehalt der Nachprüfung oder sind vorläufig, wenn dies in dem Bescheid von dem Finanzamt ausdrücklich vermerkt wird.

h) Änderungs- und Berichtigungsvorschriften

Hinsichtlich der Änderungs- bzw. Berichtigungsvorschriften von Steuerverwaltungsakten unterscheidet die AO zwischen Vorschriften,

- die alle Steuerverwaltungsakte mit Ausnahme von Bescheiden und solchen,
- die nur Bescheide

betreffen. Die erstgenannte Gruppe von Vorschriften befindet sich in den §§ 129 bis 131 AO, die zweitgenannten in den §§ 172 bis 177 AO. Bescheide sind Steuerbescheide (§ 155 AO), Feststellungsbescheide (§ 179 AO) und Steuermessbescheide (§ 184 AO).

Zu Aufgabe 19

Aussage	richtig	falsch
• Die grammatikalische Auslegung ist eine Auslegung, die von dem Wortlaut des Gesetzes ausgeht.	X	
• Der Umkehrschluss ist eine Methode der Gesetzesauslegung.	X	
• Im Rahmen einer Außenprüfung hat der Steuerpflichtige umfangreiche Mitwirkungspflichten.	X	
• In einem Feststellungsbescheid wird eine Steuerschuld festgesetzt.		X
• Eine Stundung führt zum Erlöschen der Steuerschuld.		X
• Unrichtige Steuerbescheide hat das Finanzamt stets zu berichtigen.		X
• Ein Einspruch ist bei dem zuständigen Finanzamt einzulegen.	X	
• Eine Klage ist vor dem örtlich zuständigen Finanzgericht zu erheben.	X	
• Ein Revisionsverfahren wird bei dem BFH durchgeführt.	X	
• Eine Steuerstraftat setzt Vorsatz voraus.	X	

Zu Aufgabe 20

Zivilrechtlich ergeben sich aus dem Sachverhalt

1. eine Schenkung,
2. ein Darlehnsvertrag und
3. Zinszahlungen.

Nach der im Steuerrecht maßgeblichen wirtschaftlichen Betrachtungsweise sind hingegen weder eine Schenkung noch ein Darlehen gegeben. Es bleibt vielmehr der frühere Zustand erhalten. Lediglich die jährlichen Zinszahlungen der M an ihre Tochter T sind als Schenkungen zu behandeln. Bei ihnen handelt es sich also jährlich um einen schenkungsteuerpflichtigen Erwerb. Da das für die Schenkungsteuer zuständige Finanzamt noch keinen Steuerbescheid erlassen hat, stellt sich das Problem der Änderung eines sachlich falschen Steuerbescheides nicht.

Zu Aufgabe 21

Bei dem „Arbeitsvertrag“ und den hieraus folgenden „Gehaltszahlungen“ handelt es sich um ein Scheingeschäft, das zwei andere Rechtsgeschäfte verdeckt. Bei diesen handelt es sich zum einen um Unterhaltsleistungen des G an seinen Sohn S und zum anderen – soweit die „Gehaltszahlungen“ den Rahmen einer angemessenen Unterhaltszahlung übersteigen – um monatliche Schenkungen. Scheingeschäfte sind zivilrechtlich nach § 117 Abs. 1 BGB nichtig und steuerrechtlich nach § 41 Abs. 2 Satz 1 AO unerheblich. Der Besteuerung sind nach § 41 Abs. 2 Satz 2 AO die Steuerrechtsfolgen der verdeckten Rechtsgeschäfte zugrunde zu legen, also diejenigen laufender Unterhaltszahlungen einerseits und monatlicher Schenkungen andererseits.

Zu Aufgabe 22

Der Einspruch der T gegen den Einkommensteuerbescheid ist statthaft, da

- er form- (§ 357 Abs. 1 AO) und fristgerecht (§ 355 AO) von T eingelegt worden ist und
- T sich beschwert fühlt (§ 350 AO).

Er ist aber nur insoweit begründet, als er sich gegen die Höhe des Abzugs von Sonderausgaben richtet. Hinsichtlich der Höhe des Gewinnanteils hingegen ist der Gewinnfeststellungsbescheid als Grundlagenbescheid für die Festsetzung der Einkommensteuer gem. § 182 Abs. 1 AO bindend. Die Höhe ihres Gewinnanteils kann T nicht wirksam durch den Einspruch gegen den Einkommensteuerbescheid angreifen. Insoweit ist der von T eingelegte Einspruch unbegründet. Will T gegen die Höhe ihres Gewinnanteils vorgehen, so muss sie gegen den Gewinnfeststellungsbescheid Einspruch einlegen. Zulässig ist dies allerdings nur innerhalb der für diesen Bescheid geltenden Einspruchsfrist. Ist diese bereits abgelaufen, so besteht für T keine Möglichkeit mehr, wirksam gegen die in ihrem Einkommensteuerbescheid festgesetzte anteilige Gewinnhöhe vorzugehen.

Zu Aufgabe 23

Der Einspruch gegen den Einkommensteuerbescheid vom 26.11.3 ist statthaft, da

- er form- (§ 357 Abs. 1 AO) und fristgerecht (§ 355 AO) von S in einer Abgabenangelegenheit (§ 347 AO) eingelegt worden ist und
- S sich durch ihn beschwert fühlt (§ 350 AO).

Der Einspruch ist aber unbegründet, da der Einkommensteuerbescheid einen Folgebescheid des von dem Finanzamt D-Stadt erlassenen Grundlagenbescheids, d. h. des Feststellungsbescheids, darstellt (§ 182 Abs. 1 AO). Ein Einwand gegen die Höhe der Einkünfte des S aus der Grundstücksgemeinschaft hätte im Rahmen eines Einspruchsverfahrens gegen den Feststellungsbescheid geltend gemacht werden müssen. Da dies nicht geschehen ist, ist der Feststellungsbescheid, der die anteiligen Einkünfte des S aus der Grundstücksgemeinschaft i. H. v. 90.800 € enthält, bindend. Ein am 26.11.3 oder später gegen den Feststellungsbescheid vom 10.3.3 eingelegter Einspruch ist nicht mehr zulässig, da dann die Einspruchsfrist von einem Monat (§ 355 AO) abgelaufen ist.

Zu Aufgabe 24

a) M hat den Erlass durch eine arglistige Täuschung erwirkt. Damit sind die Voraussetzungen des § 130 Abs. 2 Nr. 2 AO erfüllt. Das Finanzamt ist berechtigt und nach Erkennen des wahren Sachverhalts verpflichtet, die Erlassverfügung zurückzunehmen.

b) Die Voraussetzungen eines rechtswidrigen Verwaltungsaktes i. S. d. § 130 AO sind nicht erfüllt. Der Erlass ist wirksam.

Zu Aufgabe 25

Der Rechenfehler ist der Steuerpflichtigen V bei Erstellung ihrer Steuererklärung für das Jahr 1 unterlaufen. Dadurch hat sie dem Finanzamt ihre Werbungskosten aus Vermietung und Verpachtung unzutreffend mitgeteilt. Damit erfüllt der Sachverhalt den Tatbestand des § 173a AO. Das Finanzamt hat den Steuerbescheid für das Jahr 1 zu ändern und die Einkommensteuerschuld um 3.742 € herabzusetzen. Irrelevant ist in diesem Zusammenhang, dass der Steuerbescheid bestandskräftig ist und er weder einen Vorbehalts- (§ 164 AO) noch einen Vorläufigkeitsvermerk (§ 165 AO) trägt.

Zu Aufgabe 26

Die bisher ergangenen Einkommensteuerbescheide für die Jahre 1 bis 3 sind objektiv falsch. Das Finanzamt hat zu prüfen, ob und ggf. nach welcher Vorschrift sie berichtigt werden können. Eine Änderung nach § 164 Abs. 2 AO scheidet aus, da die Bescheide keinen Vorbehaltsvermerk nach § 164 Abs. 1 AO tragen. Gleiches gilt hinsichtlich einer Änderungsmöglichkeit nach § 165 Abs. 2 AO, da die Steuerbescheide auch keine Vorläufigkeitsvermerke nach § 165 Abs. 1 AO tragen. Damit drängt sich eine Prüfung des § 173 Abs. 1 AO auf.

Die Verkürzung der Betriebseinnahmen durch B war dem Finanzamt bei Erlass der Steuerbescheide für die Jahre 1 bis 3 nicht bekannt. Sie werden dem Finanzamt erst durch die Betriebsprüfung bekannt. Es handelt sich damit um eine neue Tatsache i. S. d. § 173 Abs. 1 Nr. 1 AO. Das Finanzamt kann und muss auf der Grundlage dieser Änderungsnorm für die Jahre 1 bis 3 Berichtigungsveranlagungen durchführen.

B hat dem Finanzamt steuerlich erhebliche Tatsachen vorsätzlich unrichtig angegeben. Er hat hierdurch in drei Jahren seine Einkommensteuerschulden um jeweils 42.000 € verkürzt. Er hat damit eine Steuerhinterziehung i. S. d. § 370 Abs. 1 AO begangen. Bei der Höhe der verkürzten Steuerbeträge muss die Finanzverwaltung ein Steuerstrafverfahren einleiten. Dies hat durch die zuständige Steuerstrafsachenstelle zu geschehen.

Zu Aufgabe 27

Der Verkaufserlös des V i. H. v. 30.000 € ist zweimal einkommensteuererhöhend berücksichtigt worden, und zwar sowohl in dem Einkommensteuerbescheid des Jahres 1 als auch in dem des Jahres 2. Korrekt ist aber nur eine einmalige Erfassung. Damit erfüllt der geschilderte Sachverhalt die Voraussetzungen widerstreitender Steuerfestsetzungen i. S. d. § 174 Abs. 1 Satz 1 AO. Aufgrund des fristgerechten Antrags (§ 174 Abs. 1 Satz 2 AO) des von V beauftragten Steuerberaters ist das Finanzamt verpflichtet, den falschen der beiden Bescheide zu ändern. Dies ist der für das Jahr 1 ergangene Bescheid. Bei der von V angewendeten Gewinnermittlung nach § 4 Abs. 3 EStG kommt das Zuflussprinzip des § 11 Abs. 1 Satz 1 EStG zur Anwendung. Zugeflossen ist der Verkaufserlös dem V erst am 3.1.2, d. h. im Veranlagungszeitraum des Jahres 2. Damit ist er im Jahre 2 und nicht bereits im Jahre 1 zu erfassen.

Zu Aufgabe 28

Der geänderte Einkommensteuerbescheid ist ein Folgebescheid des geänderten Gewinnfeststellungsbescheids. Die von dem Wohnsitzfinanzamt vorgenommene Erhöhung des Gewinnanteils des B um 80.000 € auf 121.500 € ist nach § 175 Abs. 1 Satz 1 Nr. 1 AO rechtens und damit zwingend geboten. Die Berichtigung des Rechtsfehlers hingegen ist rechtswidrig, da nach § 177 Abs. 1 AO die Korrektur eines Rechtsfehlers nur im Rahmen der Änderung des Steuerbescheids zulässig ist. Durch die Korrektur des Rechtsfehlers wird dieser Rahmen aber zu Ungunsten des B verlassen. B kann gegen den geänderten Einkommensteuerbescheid nach § 347 Abs. 1 AO Einspruch einlegen, da er durch die Korrektur des Rechtsfehlers nach § 350 AO beschwert ist. Er muss hierbei aber die sich aus § 355 Abs. 1 AO ergebende Einspruchsfrist einhalten und die in § 357 Abs. 1 AO definierte Form wahren.

Zu Aufgabe 29

Es liegen die Voraussetzungen des § 173 Abs. 1 Nr. 1 AO für eine Berichtigung zuungunsten des Steuerpflichtigen um 4.480 € Steuerschulden vor. Der Rechtsfehler kann nach § 177 Abs. 1 AO in gleicher Höhe zugunsten des Steuerpflichtigen korrigiert werden. Die Steuerschuld ändert sich per Saldo nicht; es ergeht kein neuer Bescheid.

Zu Aufgabe 30

Der Tag der Bekanntgabe des Bescheids, d. h. der Tag des Ereignisses i. S. d. § 187 Abs. 1 BGB, ist der dritte Tag nach dem Absendetag des Briefes (§ 122 Abs. 2 AO). Das ist Freitag, der 7.6. des Jahres 3. Die Frist beginnt am Samstag, dem 8.6. des Jahres 3 um 0 Uhr. Fristende ist nach § 188 Abs. 2 BGB das Ende des ziffernmäßig gleichen Tages wie der Tag des Ereignisses im darauffolgenden Monat. Bei alleiniger Beachtung des § 188 Abs. 2 BGB würde die Frist somit am 7.7. des Jahres 3 um 24 Uhr enden. Da der 7.7. des Jahres 3 ein Sonntag ist, verlängert sich die Frist gem. § 193 BGB i. V. m. § 108 Abs. 3 AO bis zum darauffolgenden Montag, 24 Uhr.

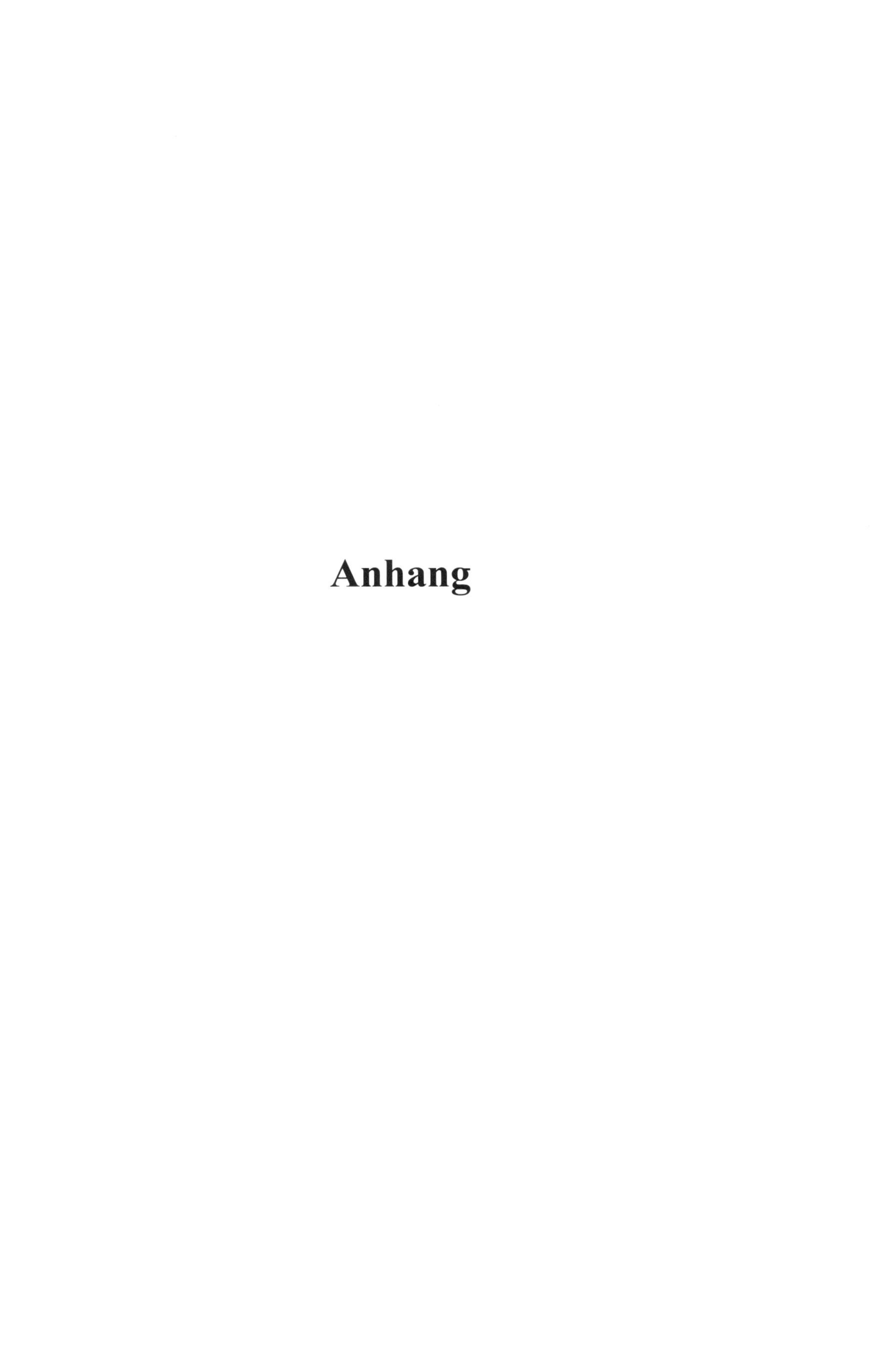

Anhang

Anhang 1: Auszug aus dem Gesetzestext § 32a EStG in der für das Jahr 2022 geltenden Fassung

„§ 32a Einkommensteuertarif

(1) Die tarifliche Einkommensteuer bemisst sich nach dem zu versteuernden Einkommen. Sie beträgt im Veranlagungszeitraum 2022 vorbehaltlich der §§ 32b, 32d, 34, 34a, 34b und 34c jeweils in Euro für zu versteuernde Einkommen

1. bis 10.347 Euro (Grundfreibetrag): 0;
2. von 10.348 Euro bis 14.926 Euro: $(1.088{,}67 \cdot y + 1.400) \cdot y$;
3. von 14.927 Euro bis 58.596 Euro: $(206{,}43 \cdot z + 2.397) \cdot z + 869{,}32$;
4. von 58.597 Euro bis 277.825 Euro: $0{,}42 \cdot x - 9.336{,}45$;
5. von 277.826 Euro an: $0{,}45 \cdot x - 17.671{,}20$.

Die Größe „y“ ist ein Zehntausendstel des den Grundfreibetrag übersteigenden Teils des auf einen vollen Euro-Betrag abgerundeten zu versteuernden Einkommens. Die Größe „z“ ist ein Zehntausendstel des 14.926 Euro übersteigenden Teils des auf einen vollen Euro-Betrag abgerundeten zu versteuernden Einkommens. Die Größe „x“ ist das auf einen vollen Euro-Betrag abgerundete zu versteuernde Einkommen. Der sich ergebende Steuerbetrag ist auf den nächsten vollen Euro-Betrag abzurunden.

.

.

.

(5) Bei Ehegatten, die nach den §§ 26, 26b zusammen zur Einkommensteuer veranlagt werden, beträgt die tarifliche Einkommensteuer vorbehaltlich der §§ 32b, 32d, 34, 34a, 34b und 34c das Zweifache des Steuerbetrags, der sich für die Hälfte ihres gemeinsam zu versteuernden Einkommens nach Absatz 1 ergibt (Splitting-Verfahren).“